Wissenschaftliche Taschenbücher WTB

Texte und Studien

Gustav E. R. Schulze

Entwicklung der Metallphysik

THEORIA CUM PRAXI

Akademie-Verlag · Berlin

WTB

Wissenschaftliche Taschenbücher

Reihe BIOLOGIE

HANS BERGNER
Tierernährung

HELMUT FRIEMEL / JOSEF BROCK
Grundlagen der Immunologie

HELLMUTH GÄBLER
Forstschutz

HEINZ GEILER
Ökologie der Land- und Süßwassertiere

PAUL HOFFMANN
Photosynthese

EBERHARD HOFMANN
Eiweiße und Nucleinsäuren als biologische Makromoleküle
Dynamische Biochemie, Teil I

EBERHARD HOFMANN
Enzyme und energiebereitstellende Reaktionen des Stoffwechsels
Dynamische Biochemie, Teil II

EBERHARD HOFMANN
Der Stoffwechsel lebendiger Systeme und seine Regulation
Dynamische Biochemie, Teil III

EBERHARD HOFMANN
Grundlagen der Molekularbiologie und Regulation des Zellstoffwechsels
Dynamische Biochemie, Teil IV

FRIEDRICH JACOB
Bewegungsphysiologie der Pflanzen

GERHARD LERCH
Pflanzenökologie

JOACHIM NITSCHMANN
Entwicklung bei Mensch und Tier

HANS-WERNER NOLTE
Pflanzenschutz in der Landwirtschaft

KLAUS ODENING
Parasitismus

ALFRED PALISSA
Bodenzoologie in Wissenschaft, Naturhaushalt und Wirtschaft

M[illegible] [illegible]MIDT
Pflanzenschutz im Gartenbau

ULRICH SEDLAG
Biologische Schädlingsbekämpfung

LUDWIG SPANNHOF
Zellen und Gewebe der Tiere

GÜNTER TEMBROCK
Grundlagen der Tierpsychologie

GÜNTER TEMBROCK
Biokommunikation
Informationsübertragung im biologischen Bereich, Teil I und II

EBERHARD TEUSCHER
Pharmakognosie
Teil I und II

GERALD WOLF
Neurobiologie

Reihe CHEMIE

HANS-MARTIN BARCHET
Chemie photographischer Prozesse

ULRICH BEHRENS
MANFRED RINGPFEIL
Mikrobielle Polysaccharide

ROLF BORSDORF
MANFRED SCHOLZ
Spektroskopische Methoden in der organischen Chemie

HANS DAWCZYNSKI
Temperaturbeständige Faserstoffe aus organischen Polymeren

HANS DAWCZYNSKI
Temperaturbeständige Faserstoffe aus anorganischen Polymeren

WERNER DÖPKE
Stereochemie organischer Verbindungen

MARTIN FINKE / WALTER LEIPNITZ
Moderne Methoden der Erdölanalyse

ERICH GUNDERMANN
Chemie und Technologie des Braunkohlenteers

WERNER HABERDITZL
Magnetochemie

SIEGFRIED HAUPTMANN
Über den Ablauf organisch-chemischer Reaktionen

HORST KEHLEN / FRANK KUSCHEL
HORST SACKMANN
Grundlagen der chemischen Kinetik

GERHARD KEMPTER
Struktur und Synthese von Vitaminen

PETER KRUMBIEGEL
Isotopieeffekte

KLAUS KÜHNE
Werkstoff Glas

DIETER MERKEL
Riechstoffe

DIETER ONKEN
Steroide

JOACHIM RIEMER
Quantitative organische Mikroanalyse

ROLF SCHÖLLNER
Die Oxydation organischer Verbindungen mit Sauerstoff

WOLFGANG WAGNER
Chemische Thermodynamik

GÜNTHER WAGNER
HANS KÜHMSTEDT
Pharmazeutische Chemie

Reihe MATHEMATIK / PHYSIK

HANS BANDEMER
ANDREAS BELLMANN
WOLFHART JUNG / KLAUS RICHTER
Optimale Versuchsplanung

DIETRICH BENDER
ERNST-EGON PIPPIG
Einheiten, Maßsysteme, SI

WOLFRAM BRAUER
HANS-WALDEMAR STREITWOLF
Theoretische Grundlagen der Halbleiterphysik

SIEGFRIED BREHMER
Einführung in die Maßtheorie

FERDINAND CAP
Einführung in die Plasmaphysik
I. Theoretische Grundlagen

FERDINAND CAP
Einführung in die Plasmaphysik
II. Wellen und Instabilitäten

FERDINAND CAP
Einführung in die Plasmaphysik
III. Magnetohydrodynamik

John Cunningham
Vektoren

Georg Dautcourt
Relativistische Astrophysik

Albert Einstein
Grundzüge der Relativitätstheorie

Albert Einstein
Über die spezielle und die allgemeine Relativitätstheorie

Hannelore Fischer
Joachim Piehler
Modellsysteme der Operationsforschung

Alfred Frieser
Mikrowellenmeßtechnik

Herbert Goering
Elementare Methoden zur Lösung von Differentialgleichungsproblemen

Michael Gössel
Angewandte Automatentheorie
Band I

Michael Gössel
Angewandte Automatentheorie
Band II

Michael Gössel
Wahrscheinlichkeitsautomaten und Zufallsfolgen

E. G. Golstein
Konvexe Optimierung

Ulrich Kausmann
Klaus Lommatzsch
František Nožička
Lineare parametrische Optimierung

Volker Kempe
Theorie stochastischer Systeme

Volker Kempe
Analyse stochastischer Systeme
Teil I

A. R. Kessel
Akustische Kernresonanz

Heinrich Kindler
Der Regelkreis

Dieter Klaua
Elementare Axiome der Mengenlehre
Einführung in die
Allgemeine Mengenlehre I

Dieter Klaua
Grundbegriffe der axiomatischen Mengenlehre
Teil 1 und 2
Einführung in die
Allgemeine Mengenlehre II

Dieter Klaua
Kardinal- und Ordinalzahlen
Teil 1 und 2
Einführung in die
Allgemeine Mengenlehre III

Dieter König / Dietrich Stoyan
Methoden der Bedienungstheorie

Konrad Kreher
Festkörperphysik

Jean Kuntzmann
Unendliche Reihen

Jean Kuntzmann
Systeme von Differentialgleichungen

Jean Kuntzmann
Komplexe Veränderliche

Wolfgang Meiling
Kernphysikalische Elektronik

Peter Paufler / Dieter Leuschner
Kristallographische Grundbegriffe der Festkörperphysik

Harry Paul
Lasertheorie
Teil I und II

HARRY PAUL
Nichtlineare Optik
Teil I und II

WOLFGANG PAULI
Vierpoltheorie und ihre Anwendung auf elektronische Schaltungen

HARRY PFEIFER
Theorie linearer Bauelemente
Elektronik für den Physiker I

HARRY PFEIFER
Die Elektronenröhre
Elektronik für den Physiker II

HARRY PFEIFER
Schaltungen mit Elektronenröhren
Elektronik für den Physiker III

HARRY PFEIFER
Leitungen und Antennen
Elektronik für den Physiker IV

HARRY PFEIFER
Mikrowellenelektronik
Elektronik für den Physiker V

HARRY PFEIFER
Halbleiterelektronik
Elektronik für den Physiker VI

HARRY PFEIFER / W. HEINK
Schaltungen mit Transistoren
Elektronik für den Physiker VII

ULRICH RÖSEBERG
Determinismus und Physik

J. A. ROSANOW
Wahrscheinlichkeitstheorie

WOLFGANG SCHÄFER
Theoretische Grundlagen der Stabilität technischer Systeme

ERNST SCHMUTZER
Symmetrien und Erhaltungssätze der Physik

I. S. SHELUDEW
Elektrische Kristalle

N. D. SHEWANDROW
Die Polarisation des Lichtes

L. A. SKORNJAKOW
Elemente der Verbandstheorie

A. A. SMIRNOW
Metallphysik

A. S. SONIN / B. A. STRUKOW
Einführung in die Ferroelektrizität

HANS-JÜRGEN TREDER
Elementare Kosmologie

J. F. VINSON
Optische Kohärenz in der klassischen Theorie und in der Quantentheorie

TEXTE UND STUDIEN

D. M. BRINK
Kernkräfte

STEPHEN G. BRUSH
Kinetische Theorie
Teil I und II

D. TER HAAR
Quantentheorie

W. R. HINDMARSH
Atomspektren

J. H. SANDERS
Die Lichtgeschwindigkeit

R. A. R. TRICKER
Die Beiträge von Faraday und Maxwell zur Elektrodynamik

R. A. R. TRICKER
Frühe Elektrodynamik

Vorschau auf die nächsten Bände:

FRANK BEICHELT
Prophylaktische Bedienung von Systemen

HELMUT HESS
Elektrischer Durchschlag in Gasen

REGINE WITKOWSKI
FALKO H. HERRMANN
Einführung in die klinische Genetik

Gustav Schulze

WTB

BAND 175

Gustav E. R. Schulze †

Beiträge zur Entwicklung der Metallphysik

Mit 39 Abbildungen und 1 Tabelle

AKADEMIE-VERLAG · BERLIN

WTB TEXTE UND STUDIEN

Herausgegeber dieses Bandes

Doz. Dr. sc. nat. Peter Paufler

Sektion Physik der Technischen Universität Dresden

1977

Erschienen im Akademie-Verlag, 108 Berlin, Leipziger Str. 3—4

Herstellung: VEB Druckhaus „Maxim Gorki“, 74 Altenburg

Lizenznummer: 202 · 100/447/77

Bestellnummer: 762 272 0 (7175) · LSV 1104

DDR 8,— M

Vorwort des Herausgebers

Die Physik der Metalle besteht als selbständiges Forschungsgebiet wenig länger als 50 Jahre. Nach der Entdeckung der Röntgenstrahlinterferenzen an Kristallen und nachdem große Metalleinkristalle verfügbar waren, entstand diese Arbeits- und Ausbildungsrichtung als Grenzgebiet der Physik zur Metallkunde, Kristallchemie und Kristallographie. Die Wurzeln entscheidender Erkenntnisse reichen deshalb auch sehr viel weiter in die Geschichte dieser Randgebiete zurück.

Professor Dr. phil. habil. GUSTAV E. R. SCHULZE – einer der Pioniere metallphysikalischer Forschung und Lehre – gehört zu den wenigen Vertretern dieses Fachgebietes, die sich dem umfassenden Studium alter Quellen widmeten, dem Erkenntnisfortschritt im historischen Ablauf nachspürten und die ihre Ergebnisse meist in Form von Vorträgen Studenten und jungen Wissenschaftlern zugänglich machten.

Das vorliegende Buch enthält eine Zusammenstellung seiner Vorträge, die er über diesen Fragenkreis zu besonderen Anlässen gehalten und veröffentlicht hat. Die Mehrzahl davon war als Einführung in die Metalltagungen der DDR geschrieben und wurde als solche in den entsprechenden Tagungsberichten publiziert. Das zunehmende allgemeine Interesse an diesen Fragen und die Verstreutheit der Beiträge in der Literatur ließen nach dem frühen Tod des Autors eine baldige zusammenfassende Veröffentlichung wünschenswert erscheinen.

Die Arbeiten wurden bis auf zwei Ausnahmen ungekürzt übernommen, um die lebendige Form des gesprochenen Wortes möglichst gut zur Geltung kommen zu lassen. Die einzelnen Beiträge sind im wesentlichen nach dem Zeitpunkt ihres Abschlusses geordnet, weil dadurch die vorhandenen Bezüge am besten verständlich werden. Damit ist auch ein Stück Geschichte der Entwicklung der Metallphysik in der DDR geschrieben. Aus naheliegenden Gründen schien es zweckmäßig, die Darstellung der Entdeckung der Röntgenstrahlinterferenzen an den Anfang zu stellen.

Die vorliegende Sammlung von Aufsätzen und Reden ist gleichzeitig eine Würdigung von G. E. R. Schulze. Eine Tafel wichtiger Etappen seines wissenschaftlichen Werdegangs ist als Anhang beigefügt. Für eine vollständige Bibliographie seiner Arbeiten sei auf das Jahrb. d. Sächs. Akademie der Wissenschaften 1973/74 verwiesen.

Besonderer Dank gebührt Frau Dora Schulze für ihre vielseitige Hilfe und Frau Dipl.-Phys. Ursula Heilmann vom Akademie-Verlag für die verständnisvolle Zusammenarbeit.

Dresden, Sept. 1975 *PETER PAUFLER*

Inhaltsverzeichnis

1. M. v. Laue und die Geschichte der Röntgenfeinstrukturuntersuchung[1])[2])

60 Jahre sind seit der Entdeckung der Raumgitter-Interferenzen vergangen. Wenn wir uns aus diesem Anlaß, wie es der Titel anzeigt, nicht nur diese Leistung, sondern auch die Persönlichkeit Max v. Laues vor Augen führen, so ist es wohl richtig, auch bei der Schilderung der Entwicklung der Feinstrukturforschung auf ihre Anfänge und ihre Schöpfer etwas ausführlicher einzugehen. Freilich zwingt dann der vorgegebene Rahmen, den weiteren Verlauf nur skizzenhaft darzustellen.

Max v. Laue wurde am 9. 10. 1879 in Pfaffendorf bei Koblenz geboren als Sohn eines Juristen im Militärdienst, der 1914 in den erblichen Adelsstand erhoben wurde. Entsprechend den damals üblichen häufigen Versetzungen seines Vaters mußte der Sohn oft die Schule wechseln. Der Zwölfjährige kam für ein gutes Jahr nach Berlin, wo er in der Urania, einer allgemein zugänglichen Bildungseinrichtung, selbst einfache physikalische Experimente ausführen konnte, und dann folgte 1892 Straßburg im Elsaß. Hier besuchte Laue das altberühmte protestantische Gymnasium, das er 1898 mit dem Reifezeugnis verließ. Dieser Schule hat er zeitlebens in größter Dankbarkeit gedacht: Das Erlernen der griechischen Sprache, die gründliche Kenntnis der deutschen Klassiker galt ihm als die beste Schule für einen Wissenschaftler. Aber auf diesem humanistischen Gymnasium ist auch sein Interesse der Physik geweckt worden durch einen

---

[1]) Vortrag, gehalten am 21. 9. 1972 auf der Tagung „Röntgenfeinstrukturuntersuchungen an Vielkristallen“ in Freiberg/Sa.

[2]) Kristall und Technik 8, 527 (1973)

tüchtigen Lehrer, der die Befähigung seines Schülers in kluger Weise förderte.

Schon während des einjährigen Militärdienstes hörte Laue Vorlesungen an der Straßburger Universität, und zwar Mathematik, Physik und Chemie. Die Entscheidung für eines dieser Fächer wurde ihm schwer und fiel erst in Göttingen, wohin er im Herbst 1899 übergesiedelt war, unter dem Einfluß des dortigen theoretischen Physikers Woldemar Voigt, und zwar zu Gunsten der theoretischen Physik. Obwohl Voigt als Vater der modernen Kristallphysik gelten kann, hat er in seinen damaligen Vorlesungen diese Disziplin kaum berücksichtigt, so daß Laue bei ihm in dieser Richtung keine Anregung empfing.

Nach damaligem Brauch wechselte Laue die Universität noch mehrmals: Nach 4 Semestern in Göttingen folgten eines in München und drei in Berlin, wo er schon in den ersten Wochen die Aufmerksamkeit Plancks erregte durch die elegante Bearbeitung von Aufgaben zur theoretischen Optik. Er hörte auch eine experimentelle optische Spezialvorlesung bei O. Lummer und schreibt darüber in seiner Selbstbiographie (1961, S. XV): „Lummer war hauptamtlich Mitglied der Physikalisch-Technischen Reichsanstalt und brachte die ausgezeichneten Apparate, über die er dort verfügte, zu Demonstrationsversuchen in das physikalische Institut der Universität mit, in welchem er las. Bei ihm habe ich mir den optischen Instinkt geholt, der mir später so nützlich wurde.“ Die Optik war seit seiner Schulzeit sein Lieblingsgebiet. Daher erbat er von Planck auch ein Dissertationsthema in dieser Richtung und promovierte im Sommer 1903, also am Ende seines 10. Semesters. Er hielt sein Studium aber noch nicht für ausreichend, sondern ging noch einmal für 4 Semester nach Göttingen; in dieser Zeit (1904) legte er das Staatsexamen für das höhere Lehramt ab, wobei er nach seiner eigenen Schilderung beinahe an der Kristallographie gescheitert wäre, wenn ihn nicht seine guten chemischen Kenntnisse gerettet hätten.

1905 wurde er Assistent bei Planck. In dieser Zeit

entstand das Freundschaftsverhältnis, das beide Gelehrte zeitlebens verbinden sollte. Unter Plancks Einfluß wandte sich Laue thermodynamischen und strahlenphysikalischen Fragen zu und habilitierte sich (1906) mit einer Arbeit aus diesem Fragenkomplex an der Berliner Universität. In diesen Jahren führte er auch — gleichfalls durch Planck angeregt — seine ersten Untersuchungen zur Relativitätstheorie durch. In München, der damaligen Wirkungsstätte Röntgens, wohin Laue sich 1909 umhabilitierte, fand er im Sommerfeldschen Institut einen ganz anderen Problemkreis vor, in dem die Natur der Röntgenstrahlen viel diskutiert wurde. Daß dort auch die Raumgitter-Hypothese der Kristalle noch aus den Tagen von Sohnke, der bis 1897 in München gewirkt hatte, lebendig war, verdankte man dem Mineralogen von Groth. So stellte Sommerfeld seinem Doktoranden P. P. Ewald die Aufgabe, das Verhalten von Lichtwellen in einem *Gitter* aus polarisierbaren Atomen theoretisch zu untersuchen. Dieser Doktorand erbat sich Laues Rat, und in diesem Gespräch kam Laue der Gedanke, daß Röntgenstrahlen Beugungserscheinungen an Kristallgittern liefern müßten.

Von diesem Gedankenblitz bis zu seiner experimentellen Prüfung und Bestätigung waren nicht nur physikalische Schwierigkeiten zu überwinden. Weder Röntgen noch Sommerfeld wollten von entsprechenden Versuchen etwas wissen, unter anderem weil man meinte, die Wärmebewegung der Atome müsse jeden Interferenzeffekt vernichten. Laue blieb aber hartnäckig: Er fand in einem Sommerfeldschen Assistenten, dem Röntgen-Schüler Dr. Walter Friedrich, einen Physiker, der bereit war, den Versuch mit Unterstützung eines Röntgenschen Doktoranden, Paul Knipping, durchzuführen und erreichte schließlich mit „ein wenig Diplomatie" Sommerfelds Einverständnis.

Der erste Versuch mit einem Kupfersulfatkristall in der in Abb. 1.1 gezeigten Anordnung schlug fehl, der zweite, bei dem man die Photoplatte hinter den

Kristall gestellt hatte, zeigte das erwartete Ergebnis. Sobald weitere Versuche mit Zinkblendekristallen ausmeßbare Aufnahmen geliefert hatten, gab Laue eine Theorie für den Vorgang an, wozu er durch seine vielfältige Beschäftigung mit optischen Fragen, insbesondere Interferenzproblemen, bestens vorbereitet war. Diese Lauesche Theorie ist, obwohl sie sehr weitgehende Vernachlässigungen enthält, die Grundlage aller Strukturbestimmungen geblieben.

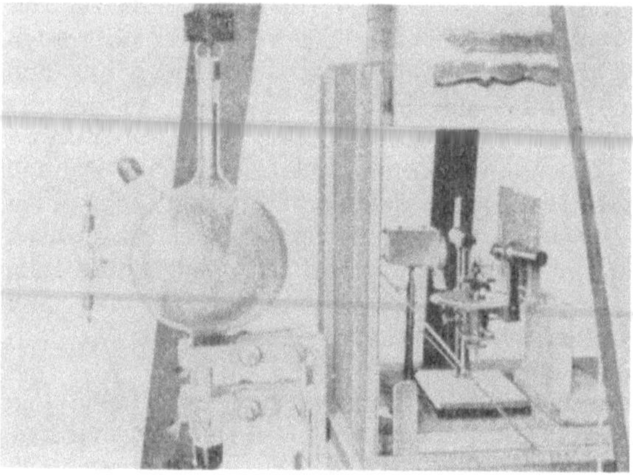

Abb. 1.1. Die historische Anordnung, mit der FRIEDRICH und KNIPPING die Röntgenstrahl-Interferenzen an Kristallen nachwiesen

Geheimrat v. Groth nahm „von den ersten gelungenen Interferenzaufnahmen mit strahlender Glückseligkeit Kenntnis", wie v. Laue berichtet (1943). Sommerfeld war überzeugt und legte die Untersuchung der Bayrischen Akademie am 8. 6. 1912 zum Druck vor. Röntgen anerkannte zwar auch die Wichtigkeit und unterstützte die Drucklegung, glaubte aber noch nicht recht an die Deutung als Interferenzerscheinung. Auch sonst traf die Entdeckung in München auf manchen Zweifel. Ganz anders war die Aufnahme in Laues altem Wirkungskreis in Berlin, wo er sie am 14. 6. 1912 (nicht am 8., wie Laue selbst angibt) auf einer Sitzung der Physikalischen Gesellschaft vortrug. Man kann wohl kaum eine bessere Schilderung von dem Eindruck geben, als Planck dies nach 25 Jahren — schon im 80. Lebensjahr stehend — an derselben Stelle getan hat:

„Es war am 14. Juni 1912 hier in diesem Saal an dieser Stelle, Herr Rubens führte den Vorsitz. Wir waren alle in großer Spannung. Ich erinnere mich noch deutlich der Einzelheiten des Herganges. Als Herr v. Laue nach der theoretischen Einleitung die ersten Aufnahmen (Abb. 1.2)

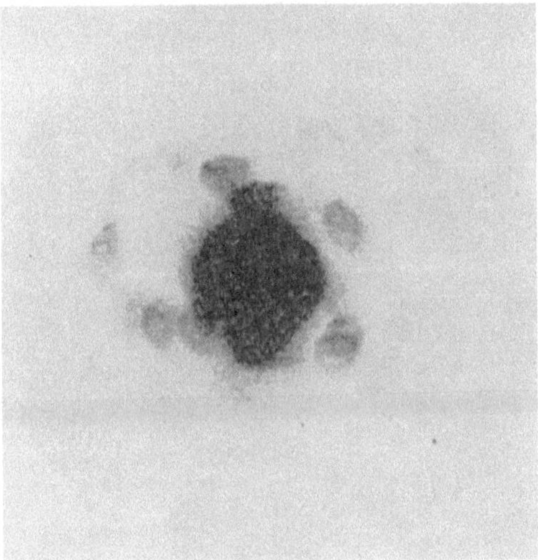

Abb. 1.2. Die erste „Laue-Aufnahme" von einem in willkürlicher Richtung durchstrahlten Kupfervitriol-Kristall

zeigte, die den Durchgang eines Strahlenbündels durch ein ziemlich willkürlich orientiertes Stück von triklinem Kupfervitriol darstellte — man sah auf der photographischen Platte neben der zentralen Durchstoßungsstelle der Primärstrahlen ein paar kleine sonderbare Fleckchen —, da schauten die Zuhörer gespannt und erwartungsvoll, aber doch wohl nicht ganz so überzeugt auf das Lichtbild an der Tafel. Aber als nun jene Figur 5 sichtbar wurde (Abb. 1.3), das erste typische Laue-Diagramm, welches die Strahlung durch ein genau zur Richtung der Primärstrahlung orientierten Kristall regulärer Zinkblende wiedergab mit ihren regelmäßig und sauber in verschiedenen Abständen vom Zentrum angeordneten Interferenzpunkten, da ging ein allgemeines, nur schwach unterdrücktes

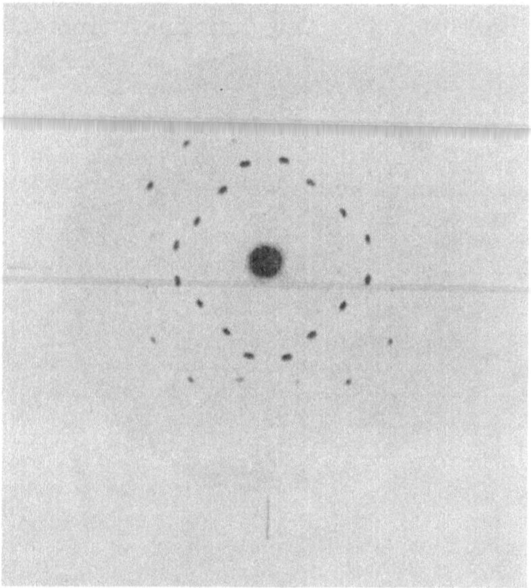

Abb. 1.3. Wiedergabe einer Original-LAUE-Aufnahme von Zinkblende, durchstrahlt in Würfelkantenrichtung

„ah“ durch die Versammlung. Ein jeder von uns fühlte, daß hier eine große Tat vollbracht war ...“.

Noch im gleichen Jahr erhielt Laue einen Ruf als Extraordinarius für theoretische Physik nach Zürich, zwei Jahre später als Ordinarius nach Frankfurt. Erst dort hat er sich nach seinem eigenen Zeugnis (1961, S. XVIII) eingehender mit Kristallen beschäftigt und sagt dabei „Von der Liebe des richtigen Kristallographen zu seinem Gegenstand ... ist auch auf mich etwas übergegangen". In jenen Jahren (1915) wurde Laue auch der Nobelpreis für 1914 zuerkannt. Während des ersten Weltkrieges arbeitete er an der Entwicklung der Elektronenröhren im Auftrage der Heeresverwaltung. 1919 erfolgte die Berufung an die Berliner Universität (im Tausch mit Max Born), der er bis 1943 angehört hat, und 1921 wurde er Mitglied der Berliner Akademie der Wissenschaften. Viele Jahre war Laue auch theoretischer Berater der Physikalisch-Technischen Reichsanstalt. Er kam dabei mit Fragen der Supraleitfähigkeit in Berührung, deren Theorie er einige Untersuchungen gewidmet hat.

Dem Ausbau der Interferenztheorie der Röntgen- und Materiewellen hat er auch weiterhin seine Aufmerksamkeit geschenkt, aber an der Strukturforschung hat er sich nie aktiv beteiligt. Hören wir seine eigene Erklärung aus seiner Selbstbiographie (1961, S. XXIV): „Mich interessieren auf allen Gebieten der Physik vor allem die großen, allgemeinen Prinzipien — deshalb hatten mich auch Plancks Vorlesungen, welche gerade diese betonten, so sehr angesprochen —, und die prinzipiellen Fragen nach der Natur der Röntgenstrahlen einerseits, der Kristalle andererseits waren durch die Versuche von Friedrich und Knipping wohl entschieden. Die Braggs brachten die Liebe zum Einzelstoff mit, sie vermochten sich mit Hingebung in die Strukturen von Natriumchlorid, von Diamant und so fort bis zu den verwickeltsten Silikaten zu vertiefen. Die Physik braucht Forscher verschiedenartigster Begabung und geriete bald in Stocken, wären alle Physiker von gleichem geistigen Typus". Ferner hat Laue die von Darwin und Ewald geschaffene dynamische Theorie der Röntgeninterferenzen, welche die wichtigsten Vernachlässigungen der ersten, geometrischen Theorie aufhebt, weiterentwickelt und in ihre endgültige Gestalt gebracht. Dem Studium ihrer Konsequenzen konnte er sich in seinen letzten Jahren in Dahlem als Direktor des Fritz-Haber-Institutes der Max Planck-Gesellschaft widmen und dabei die Freude erleben, daß seine Mitarbeiter eine ganze Reihe Folgerungen aus der dynamischen Theorie experimentell bestätigten. Darüber hat er in seinem letzten Vortrag vor der Berliner Akademie im Dezember 1958 berichtet (1959), als er — im 80. Lebensjahr stehend — im Begriff war, die Institutsleitung niederzulegen. Als er diesen Vortrag bei einer Wiederholung im nächsten Sommer auf der Physik-Nobelpreisträger-Konferenz in Lindau als seinen Schwanengesang bezeichnete, ahnte wohl niemand, wie recht er damit behalten sollte.

Zwar hat er noch im Oktober 1959 einen Vortrag im italienischen Rundfunk gehalten und eine Abhandlung über „Erkenntnistheorie und Relativitätstheorie" vollendet (1961, S. 159) für das Symposium der Philosophen und Naturforscher anläßlich der 550-Jahrfeier der Universität Leipzig, jedoch sie selbst nicht vorgetragen. Sie wurde vielmehr verlesen am Vortage seines 80. Geburtstages, den er in Dahlem in vollster körperlicher und geistiger Frische in einem großen Kreis von Freunden und Verehrern begehen konnte. Ein halbes Jahr später erlitt er auf dem Wege zu einer Besprechung einen Autounfall, an dessen Folgen er am 24. 4. 1960 verstarb. Seinem Wunsche gemäß fand er seine letzte Ruhestätte auf dem Göttinger Stadtfriedhof in der Nähe seines zeitlebens hochverehrten Lehrers Max Planck.

In diesem knappen Lebensabriß sind — wie es bei einem Gelehrten nicht anders sein kann — seine wichtigsten Arbeitsgebiete schon angedeutet worden. Aber in der reinen wissenschaftlichen Arbeit hat sich Laues Tätigkeit nicht erschöpft. Stets hat er auch solche Aufgaben übernommen, die manchmal als Ballast empfunden werden, aber im Interesse der Allgemeinheit doch durchgeführt werden müssen. Das sind nicht nur die Amtsgeschäfte eines Professors und die vielen Sitzungen in Ausschüssen verschiedenster Art, für die er sich bis zum Unfallstag in treuer Pflichterfüllung zur Verfügung gestellt hat, sondern vor allem zwei Leistungen, die er in den ersten Jahren nach seiner Rückkehr aus der Internierung in England (1946) vollbracht hat. Er lebte damals in Göttingen als Hònorarprofessor, weil ihm die gewünschte Rückkehr nach Berlin, das er als seine geistige Heimat empfand, nicht gestattet wurde. Neben der wissenschaftlich-literarischen Tätigkeit jener Jahre trug er wesentlich dazu bei, daß die in Westdeuschland zerstreut ausgelagerten Gruppen der ehemaligen Physikalisch-Technischen Reichsanstalt in Braunschweig wieder vereinigt wurden und schließlich zur Physikalisch-Technischen Bundesanstalt werden konnten. Außerdem ist die Neugründung der Phsyikalischen Gesellschaften, zunächst der in der britischen Besatzungszone und dann die des Verbandes Deutscher Physikalischer Gesellschaften, seiner Mitwirkung zu verdanken. Bei der Lösung solcher Aufgaben war damals die Zustimmung der Besatzungsmächte erforderlich, und hier erwies sich v. Laues großes internationales Ansehen als außerordentlich förderlich. Zu dessen Illustration sei Laues eigene Schilderung (1961, S. XXXII) seines ersten Kongreßbesuches in England nach dem zweiten Weltkrieg hier eingefügt:

„Was ich darauf im Juli 1946 in London erlebte, gereichte der Royal Society und allen ihr nahestehenden Gelehrtenkreisen nicht minder zum Ruhm. Da fand zunächst eine internationale Kristallographen-Tagung statt ... Als einziger Deutscher war ich dazu eingeladen und kam auf diese Art 4 Monate nach der Beendigung der Gefangenschaft wiederum nach England...

Auf die Verhandlung jenes Kongresses einzugehen ist hier nicht der Ort. Bei dem offiziellen Festessen hielt der Vorsitzende eine Tischrede auf mich, in der er in äußerst warmen Worten meine Haltung in der Hitlerzeit anerkannte. Ich betonte in meiner Erwiderung, daß ich für dieses Lob sehr dankbar wäre, aber doch sagen müsse, daß tausende und abertausende Männer und Frauen es mindestens ebenso verdienten.

Zeitlich folgte dem Kongreß unmittelbar die Newtonfeier der Royal Society ... Dazu war als einziger Deutscher Max Planck geladen, der schon lange Foreign Member der Royal Society war und der trotz seiner 88 Jahre der Einladung auch gefolgt war. Aber mich nahm ein unverheiratetes Mitglied der Royal Society, das infolge eines Versehens auch für seine nichtexistierende Frau eine Einladung bekommen hatte, auf diese Karte hin mit zu dem mit der Newton-Ehrung zusammenhängenden Geselligkeitsabend in den Festräumen der Royal Society. Da waren nun Gelehrte aus allen Nationen zusammen mit Ausnahme wohl der Russen. Und sie kamen alle zu mir, außer den Engländern auch Amerikaner, Franzosen, Polen, Tschechen, Ungarn, Skandinavier, Italiener, Belgier, Holländer usw. um mir, manchmal ohne Worte, die Hand zu drücken. Es war nicht leicht, eine Gemütsbewegung zu verbergen.“

Den Menschen von Laue lernten auch die seinem Fach Fernstehenden schätzen wegen seines mannhaften Eintretens für seine Überzeugung und für bedrohte Kollegen während der Hitlerzeit. Hören wir ihn auch darüber selbst (1961, S. XXVII):

„Soweit mir möglich, half ich unmittelbar Betroffenen z. B. durch rechtzeitige Warnung, namentlich aber den ihrer Stellung beraubten Kollegen. Es gab einige, wenn auch seltene Fälle, in denen sich solche nicht allein durch meine Hilfe durch jene ganze unselige Zeit hindurch in Deutschland halten konnten. Weit häufiger habe ich solchen, die auswanderten, die Wege geebnet, indem ich den ausländischen Hilfsorganisationen vorher schon Mitteilung über die Persönlichkeit, ihre Familienverhältnisse, ihre speziellen Fähigkeiten und Wünsche zugehen ließ. Und da die Postzensur derartige Briefe unterschlug, gingen diese Mitteilungen eben auf sicheren Wegen über die Grenze. Einmal habe ich auch einen, der sich verfolgt glaubte, mit meinem Auto ins tschechische Gebiet geschafft. Das ging damals leichter als man es jetzt für möglich hält. Dies alles mußte so heimlich als eben möglich geschehen, aber zu meiner Gesinnung bekannte ich mich öffentlich."

Es sei nur an Laues berühmten Nachruf (1934) für Fritz Haber erinnert, in dem es heißt: „Themistokles ist in die Geschichte eingegangen nicht als der Verbannte am Hof des Perserkönigs, sondern als der Sieger von Salamis. Haber wird in die Geschichte eingehen als der geniale Erfinder desjenigen Verfahrens, Stickstoff mit Wasserstoff zu verbinden, das der technischen Stickstoffgewinnung aus der Atmosphäre zugrunde liegt, als der Mann, der auf diese Weise, wie es bei der Überreichung des Nobelpreises an ihn hieß, „ein überaus wichtiges Mittel zur Hebung der Landwirtschaft und des Wohlstandes der Menschheit" schuf, der Brot aus Luft gewann und einen Triumph errang, „im Dienste seines Landes und der ganzen Menschheit"."

Vielleicht darf der Verfasser noch ein persönliches Erlebnis mit ihm aus dieser Zeit schildern. An einem Januarabend des Jahres 1935 besuchte er ein Konzert in der Berliner Philharmonie, bei dem auch Herr v. Laue anwesend war. Am Tage vorher hatte eine Abstimmung den Anschluß des Saargebietes an Deutschland ergeben. Aus diesem Anlaß intonierte das Orchester vor Beginn des eigentlichen Programms die Nationalhymne. Das Publikum erhob sich von den Plätzen einschließlich Laues. Als aber im Anschluß daran das faschistische Horst-Wessel-Lied erklang, setzte sich der große und schwere Mann als einziger mit Nachdruck auf seinen vernehmlich knarrenden Sessel. Erschreckte und besorgte Blicke fielen von allen Seiten auf ihn, aber es geschah nichts.

Nun eine andere Seite von Laue's Wesen: Er war nicht nur Fachgelehrter, sondern ein im besten Sinne gebildeter Mensch; dabei ist „Bildung" nach einer von ihm angeführten Definition „das, was übrig bleibt, wenn man alles Gelernte vergessen hat". So zitiert er in seiner schon mehrfach herangezogenen Selbstbiographie die berühmten Worte des großen österreichischen theoretischen Physikers Ludwig Boltzmann „Ohne Schiller könnte es wohl einen Mann von meiner Nasen- und Bartform geben, aber nicht mich" und fügt hinzu „dies unterschreibe ich Wort für Wort". An anderer Stelle derselben Schrift heißt es „Sie (die Philosophie) hat mein Dasein von Grund auf umgestaltet, selbst die Physik erscheint mir seitdem ihre eigentliche Würde nur daher zu beziehen, daß sie ein wesentliches Hilfsmittel der Philosophie abgibt, wie ich überhaupt denn die Auffassung habe, daß sich sämtliche Wissenschaften um die Philosophie als ihr gemeinsames Zentrum herumgruppieren müssen, und daß der Dienst an ihr ihr eigentlicher Zweck ist. So, und nur so, ist gegenüber der unaufhaltsam fortschreitenden Spezialisierung der Wissenschaften die Einheit der wissenschaftlichen Kultur zu wahren, jene Einheit, ohne welche diese ganze Kultur dem Zerfall geweiht wäre".

Trotz dieser sehr positiven Einstellung zur Philosophie hat sich v. Laue nicht unter die philosophierenden Physiker begeben. Der Grund dafür liegt wohl in seiner Ansicht, daß die Physiker dazu mitunter eine zu geringe philosophische Vorbildung mitbrächten.

Aber auf einem anderen Gebiet, nämlich bei der Geschichte seiner Wissenschaft, hat das große Interesse in dieser Richtung auch zu aktiver Betätigung geführt: Wir verdanken ihm bekanntlich eine kleine, aber ausgezeichnete „Geschichte der Physik". Aus ihrem Vorwort möchte ich zwei Zitate zur Charakterisierung seiner Persönlichkeit anführen: „Oft hört man die Frage nach der Objektivität, der Wahrheit naturwissenschaftlicher Erkenntnis. Sie ist keineswegs unangezweifelt... Und doch gibt es einen Beweis ihrer objektiven Wahrheit, einen Beweis von überwältigender Überzeugungskraft: Immer wieder kommt es in ihrer Geschichte vor, daß sich zwei bis dahin völlig unabhängige, von verschiedenen Menschengruppen gepflegte physikalische Gedankenkreise — z. B. Optik und Thermodynamik oder Wellentheorie der Röntgenstrahlen und Atomtheorie der Kristalle — unversehens zusammenfinden und *zwanglos* zusammenfügen. Wer ein solches aufs höchste überraschende Ereignis auch nur von Ferne miterleben durfte, oder wenigstens es nachzuerleben imstande ist, zweifelt nicht mehr, daß die zusammenkommenden Theorien, wenn nicht volle Wahrheit, so doch einen bedeutenden Kern objektiver, von menschlichen Zutaten freier Wahrheit enthalten."

Für ein ihm übersandtes Exemplar der „Geschichte der Physik" bedankte sich Einstein mit einem Brief vom 15. 5. 1947, in dem es heißt: „Ich lese mit großem Entzücken Deine Geschichte der Physik, die mit Meisterschaft das Entscheidende aus der Masse heraushebt. Manche historische Bemerkung ist mir darin neu... Es ist wirklich verdienstlich, daß einer, der die ganze Lage so verständnisvoll übersieht, den Philologen und Wortkrämern die Darstellung der Geschichte des menschlichen Gedankens aus der Hand nimmt und das große Drama hinstellt, gereinigt vom Staub der belanglosen Einzelheiten."

Zum Abschluß der Würdigung der Persönlichkeit Max v. Laues möge eine Episode folgen, die uns P. P. Ewald überliefert hat (1959). Als er Einstein 1938 auf Long Island besucht hatte und ihn, abschiednehmend, fragte, ob er etwas in Deutschland für ihn bestellen könnte, antwortete dieser: „Grüßen Sie Laue". Ewald nannte einige andere, fragend, ob er sie einschließen dürfe. Einstein wiederholte: „Grüßen Sie Laue".

Die Entwicklung der Feinstrukturforschung

Laues Entdeckung der Raumgitterinterferenzen an Kristallen eröffnete natürlich die Möglichkeit, aus den Interferenzmustern einerseits die Struktur der beugenden Kristalle, anderseits die Wellenlänge der benutzten Strahlung zu ermitteln. Aber wie wir bereits in seiner eigenen Darstellung gehört haben, lagen solche an den Einzelstoff geknüpfte Untersuchungen nicht in seiner Interessenrichtung. Vielmehr wurde bekanntlich sowohl die Kristallstrukturforschung mittels Röntgenstrahlen als auch die Röntgenspektroskopie von zwei englischen Physikern, William Henry Bragg (1862—1942) und seinem Sohn William Lawrence Bragg (1890—1971), ins Leben gerufen. Sie erhielten dafür den Physik-Nobelpreis für das Jahr 1915.

Der Lebenslauf von William Bragg ist ziemlich ungewöhnlich: Nach seinem Studium in Cambridge übernahm er mit 24 Jahren eine Professur für Mathematik und Physik in Adelaide (Australien). Hier widmete er sich ganz seinen Unterrichtsaufgaben, aber trieb keinerlei Forschung, auch nicht mit der Röntgenanlage, die er bald nach Röntgens Entdeckung aufstellte. Erst mit 42 Jahren wandte er sich wissenschaftlichen Untersuchungen zu, allerdings sogleich mit beachtenswertem Erfolg. 1908 wurde er nach England (Leeds) zurückberufen und beschäftigte sich weiter mit der Ionisation durch Röntgenstrahlen, von deren korpuskularem Charakter er überzeugt war, als die Lauesche Entdeckung bekannt wurde. Aber er brauchte nur kurze Zeit, um auf Grund eigener Arbeiten — unterstützt von seinem 22jährigen Sohn Lawrence — einzusehen, daß die neuen Befunde sich nur als Welleneffekt verstehen lassen. Er stellte bei einem *wellenmäßig* an einer Kristallfläche reflektierten Strahl die gleiche Ionisierungswirkung fest, die ihn zur *korpuskularen* Deutung veranlaßt hatte und kam — eineinhalb Jahrzehnte vor der Quantenmechanik — zu dem Schluß: „Das Problem läuft, scheint mir, nicht mehr darauf hinaus, sich für eine von zwei Röntgenstrahltheorien zu entscheiden, sondern eine solche zu finden, die den Gehalt beider vereinigt.“ Er wurde zu einem der erfolgreichsten Pioniere der Röntgenphysik. Im ersten Weltkrieg beschäftigte sich W. H. Bragg mit der Ausbreitung von Schallortungsmethoden zur U-Boot-Bekämpfung. Allmählich rückte er zu einem der ersten Physiker seines Vaterlandes auf. 1923 trat er an die Spitze der Royal Institution. Seine Forschungsstätte wurde schnell zu einem internationalen Zentrum seines Fachgebiets. 1935 erfolgte seine Wahl zum Präsidenten der

Royal Society. Daneben war er führend in einer großen Anzahl wissenschaftlicher Einrichtungen tätig. Schließlich muß selbst die kürzeste Darstellung von W. H. Braggs Wirken seiner meisterhaften populärwissenschaftlichen Darstellungen physikalischer Probleme in Wort und Schrift erwähnen, von denen wohl „The World of Sound" und „Universe of Light" die bekanntesten sind.

Die in unserem Zusammenhang besonders interessierende Leistung W. H. Braggs ist die Konzeption seines Röntgenspektrometers (1913), das nicht nur die eigentliche Röntgenspektroskopie ins Leben rief, sondern sich auch bei den ersten Strukturbestimmungen dem Laue-Verfahren überlegen erwies. Die Entwicklung der Röntgenspektroskopie zu verfolgen, ist hier nicht unsere Aufgabe. Es sei nur erwähnt, daß W. H. Bragg (1913) die ersten Erfolge selbst erzielte. Die Auffindung des Moseleyschen Gesetzes, die erste große Bestätigung des Bohrschen Atommodells über den Wasserstoff hinaus, erfolgte aber im Rutherfordschen Arbeitskreis in Manchester, in dem der junge Bohr jahrelang gearbeitet hat.

Das Braggsche Spektrometer (Abb. 1.4) ist dadurch gekennzeichnet, daß zur spektralen Zerlegung eines parallelen Röntgenstrahls die Reflexion an den Netzebenen parallel zur Oberfläche eines Kristalls benutzt wird und der Nachweis der reflektierten Strahlung durch eine Ionisationskammer erfolgt. Die grundlegende Arbeit trägt die Namen der beiden Braggs (1913a) und ist das Ergebnis einer äußerst intensiven Zusammenarbeit von Vater und Sohn, über die letzterer schreibt (1943): „In diesem Stadium arbeiteten wir, mein Vater und ich, ungestüm mit vereinten Kräften den ganzen Sommer 1913 hindurch mit dem Röntgenspektrometer. Obwohl die Beschreibung dieses Instruments in unser beider Namen veröffentlicht wurde, hatte ich doch keinen Anteil an seinem Entwurf. Das Kapital, das ich in die Familienfirma einbrachte, war die Kenntnis und Anwendung der Reflexion und allgemein der optischen Grundsätze der Beugung sowie mein Erfolg bei der Analyse der ersten

Kristalle nach dem Laue-Verfahren. Es war eine erhebende Zeit, als wir alle Tage bis tief in die Nacht hinein arbeiteten und sich vor unseren Augen in der Schweigsamkeit unseres Laboratoriums neue Welten offenbarten. Mein Vater war zunächst viel mehr an den Röntgenstrahlen als an den Kristallen interessiert und überließ mir die Erforschung des kristallinen Aufbaus, mit Ausnahme einer Abhandlung über den Diamanten, die die Wirkungsweise eines von ihm ersonnenen Instruments darlegt. Er

Abb. 1.4. Braggsches Spektrometer. C – Kristall, I – Ionisationskammer, E – Elektrometer, V und V^1 – Teilkreis-Ableseeinrichtungen

maß die Wellenlänge der Röntgenspektren, erzeugt von den Elementen Platin, Osmium, Iridium, Palladium, Rhodium, Kupfer und Nickel. Er identifizierte sie als Barklasche K- und L-Strahlung und berechnete ihre Energiequanten nach der Planckschen Gleichung $E = h\nu$

und wies nach, daß sie mit der Energie der Kathodenstrahlen übereinstimmen, die zur Erzeugung der Röntgenstrahlen benötigt wurde (1913)."

Zu einer einigermaßen geschlossenen Darstellung der Anfänge der Kristallstrukturforschung gelangen wir am einfachsten, wenn wir uns nunmehr den Arbeiten von W. Lawrence Bragg zuwenden. Dieser damalige Cambridger „Forschungsstudent", der soeben seinen B. A. erworben hatte, erfuhr in der Sommerfrische durch seinen Vater von der Laueschen Entdeckung. Nach Cambridge zurückgekehrt, beschäftigte er sich weiter mit diesem Problem und war alsbald von der Richtigkeit der Laueschen Deutung der Erscheinung als Welleninterferenz überzeugt, ja ihm gelang sogar eine einfachere Darstellung des Effektes, indem er ihn als Reflexion an inneren Netzebenen des Kristalls durch die berühmte Braggsche Gleichung beschrieb, die übrigens unabhängig von dem Petersburger Kristallographen Wulf gefunden wurde. Diese Auffassung verbreitete sich wegen ihrer Einfachheit sehr schnell. W. L. Bragg berichtet in Ewald 1962, S. 505, darüber folgendes: „Hier spielte wiederum der Zufall eine Rolle. Man kann sich heute kaum vorstellen, wie wenig die Physiker jener Tage über die Geometrie dreidimensionaler periodischer Punktanordnungen wußten. Zufällig war mir einiges darüber bekannt, weil Pope und Barlow eine Kristallbindungstheorie aufgestellt hatten, über die ich in einem wissenschaftlichen Zirkel ein Referat gehört hatte. Daher wußte ich, daß die Atome in Raumgittern in Netzebenen angeordnet sind... Kurz und gut, ich deutete (1913a) die Laueschen Ergebnisse als Reflexion *weißer* Strahlung an Kristallnetzebenen und veröffentlichte eine Notiz in der „Nature" (1912) über die Reflexion von Röntgenstrahlen an einem Glimmerplättchen bei verschiedenen Winkeln. Weiter zeigte ich (1913a), daß die von Laue an Zinkblende erhaltenen Interferenzen für ein flächenzentriert kubisches Gitter charakteristisch sind, nachdem ich durch das Studium der Arbeiten von Pope und Barlow gelernt hatte, daß es so etwas gibt. Pope war sehr interessiert und ermutigte mich, Laue-Aufnahmen von NaCl und KCl zu versuchen, weil er hier auch eine kubisch dichteste Kugelpackung vermutete. Die Ergebnisse führten zur Aufklärung der Kristallstruktur des NaCl-Typs (1913b).“ Es sei hier angemerkt, daß W. J. Pope damals Professor für Chemie in Cambridge war und W. Barlow ein englischer Kristallograph ohne berufliche Bindung, der schon Kugelpackungen als wahrscheinliche Kristallstrukturen diskutiert hatte.

Man muß sich vergegenwärtigen, daß zu jener Zeit über die Wellenlängen λ der Röntgenstrahlen nur Schätzungen vorlagen. Da die Beugungsuntersuchungen nur das Verhältnis λ/d (d = charakteristische Länge des Beugungsgitters) liefern, erwuchsen daraus mancherlei Schwierigkeiten. Bei seiner ersten quantitativen Auswertung der Zinkblendeaufnahmen in einer zweiten Arbeit (1912) berechnete Laue die Gitterkonstanten des beugenden Kristalles — ein einfach-kubisches Gitter voraussetzend — aus der makroskopischen Dichte ϱ und der bekannten Masse M des ZnS-Moleküls zu $a = (M/\varrho)^{1/3} = 3{,}38$ Å (der wirkliche Wert ist $a = 5{,}42$ Å!). Mit dieser Annahme erhielt Laue auf Grund der Münchner Vorstellung, die Interferenzen würden durch charakteristische Strahlung der Gitteratome erzeugt, eine Indizierung aller Punkte, d. h. jedem konnte ein Tripel von Ordnungszahlen h_1, h_2, h_3 zugeordnet werden. Dazu waren 5 diskrete (λ/a)-Werte nötig, die mit der angegebenen Gitterkonstanten auf 5 Wellenlängen im Bereich von 0,13—0,52 Å führten in Übereinstimmung mit den bisherigen Schätzungen.

Diese Indizierung hatte allerdings einen Schönheitsfehler: Eine Reihe von Interferenzpunkten, die man erwarten mußte, traten nicht auf. Diese Schwierigkeit konnte W. L. Bragg durch seine Deutung (1913a) der Laue-Punkte als Reflexe weißer Röntgenstrahlung an den Netzebenen eines kubisch flächenzentrierten Gitters beseitigen, dessen „Auslöschungen“, wie wir heute sagen, das Fehlen von Interferenzen erklärte. Man beachte, daß die vierfache Molekülzahl des flächenzentrierten Gitters praktisch die richtige Gitterkonstante liefert: 3,38 Å · $4^{1/3}$ = 5,37 Å.)

Mit der Feststellung, daß das Translationsgitter der Zinkblende kubisch-flächenzentriert sei, hatte W. L. Bragg den ersten Schritt zu einer Kristallstrukturbestimmung getan, wobei allerdings noch die Atomkoordinaten unbekannt blieben. Die erste vollständige Strukturbestimmung gelang ihm an NaCl (1913b), für das er die von Barlow vermutete Vorstellung zweier um [1/2 0 0] gegeneinander verschobener kubisch-flächenzentrierter Gitter (Abb. 1.5) bestätigen konnte. Um die damaligen

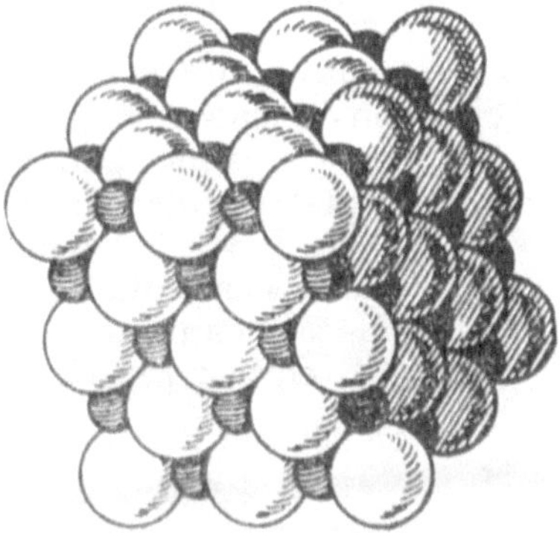

Abb. 1.5. Eine kubische Kugelpackung aus zwei Kugelsorten gleicher Anzahl, aber verschiedener Größe nach W. Barlow, wie sie durch W. L. Bragg (1913b) bei NaCl bestätigt wurde

Schwierigkeiten bei solchen Fragen zu illustrieren, sei erwähnt, daß Bragg anfangs für die 4 Gitterpunkte des flächenzentrierten Gitters je die mittlere Masse eines Atoms $(m_{Na} + m_{Cl})/2$ anstatt der ganzen Molekülmasse ansetzte und damit bei vorgegebener Dichte nur die Hälfte des wirklichen Zellvolumens erhielt und infolgedessen auch eine um den Faktor $2^{1/3}$ zu kleine Gitterkonstante. Daher waren die ersten auf dem Braggschen Spektrometer mit NaCl-Kristall gemessenen Wellenlängen um den entsprechenden Faktor zu klein. Der Fehler wurde jedoch schnell erkannt und die Richtigkeit der korrigierten Wellenlängen konnte auf die im obigen Zitat (W. H. Bragg 1913) genannte Weise bestätigt werden.

Der Gang der früheren Braggschen Strukturbestimmung möge an einem besonders einfachen Beispiel, am Kupfer, erläutert werden, bei dem auch das von Barlow vorausgesagte kubisch-flächenzentrierte Gitter bestätigt wurde. Die am 16. Juli 1914 abgeschlossene Untersuchung (1914 a) erfolgte ausschließlich mit dem Braggschen Spektrometer unter Benutzung von Pd-Kα-Strahlung, deren Wellenlänge W. H. Bragg zu 0,576 Å bestimmt hatte. Da die kubische Symmetrie von Kupfer natürlich bekannt war, stellte sich Bragg die Frage, ob ein einfach-kubisches Gitter oder das von Barlow und Pope vermutete kubisch-flächenzentrierte Gitter vorläge. Auf Grund der Massendichte erwartete er im ersten Fall mit $Z = 1$, im zweiten mit $Z = 4$ (kubisch-dichteste Kugelpackung) die folgenden Netzebenenabstände und die sich damit aus der Braggschen Gleichung bei $n = 1$ ergebenden Glanzwinkel (Tabelle 1).

Tabelle 1

Flächen	Einfach kubisch		flächenzentr. kubisch		
	d/Å	Θ berechnet	d/Å	Θ berechnet	Θ gemessen
(100)	2,26	7°20′	1,80	9°13′	9°24′
(110)	1,59	10°22′	1,27	13° 2′	13°18′
(111)	1,30	12°50′	2,08	8° 0′	8° 0′

Die Meßkurven sind aus Abb. 1.6 zu ersehen. Der obere Teil zeigt eine Rockingkurve der (111)-Fläche mit der Kammerstellung $2\,\Theta = 16°$. Die schlechte Kristallgüte erzeugte einen großen Reflexionsbereich. Infolge der fokussierenden Wirkung des Bragg-Spektrometers erhält man trotzdem ziemlich starke Intensitätsmaxima bei bestimmten Kammerstellungen 2 Θ, die im unteren Teil der Abbildung dargestellt sind. Man erkennt z. T. spektralbedingte Aufspaltungen und das Auftreten höherer Ordnungen und stellt die in der Tabelle ausgewiesene Übereinstimmung mit der Erwartung für die kubisch-dichteste Kugelpackung fest. Daher schließt Bragg: „Es bleibt wenig Zweifel, daß die Atome eines Kupferkristalls in einem kubisch-flächenzentrierten Gitter angeordnet sind.“

Vor dieser Strukturbestimmung war nicht nur die

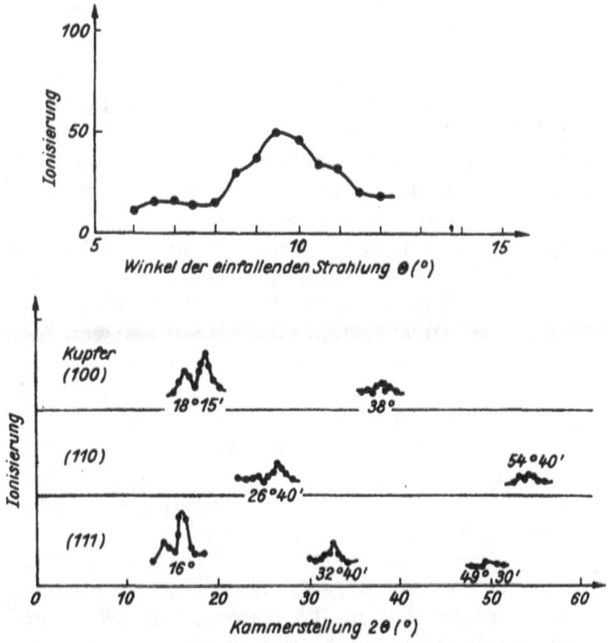

Abb. 1.6. Spektrometermessungen an einem Kupfer-Einkristall. Oberer Teil: Rocking-Kurve der (111)-Fläche. Unterer Teil: Intensitätsmaxima bei Kammerstellung 2Θ, d. h. beim doppelten Glanzwinkel Θ

schon erwähnte von NaCl (der Royal Society vorgelegt am 21. 6. 1913) erfolgt, sondern auch die von Diamant (1913b; gemeinsam mit W. H. Bragg, 30. 7. 1913), bei der zum ersten Mal die große Wirksamkeit der Spektrometer offenbar wurde, und sogar solche von komplizierteren Stoffen wie Zinkblende, Pyrit, Flußspat und Kalkspat (1914b, abgeschlossen am 13. 11. 1913). Als 70jähriger hat Bragg einmal darüber berichtet (1961): „Die Pyritstruktur bereitete das größte Kopfzerbrechen. Es erschien unmöglich, ihre seltsame Reflexfolge zu erklären, bis ich beim Durchgehen von Barlows geometrischen Kombinationen entdeckte, daß ein kubischer Kristall trigonale Achsen besitzen kann, die sich nicht schneiden. Ich erinnere mich des Augenblicks recht gut, in dem ich erkannte, daß dies die Pyritbefunde erklärte. Ich versuchte, es einer zufällig anwesenden Tante verständlich zu machen, aber ohne merklichen Erfolg."

Es gab aber nicht nur Schwierigkeiten beim Bestimmen der Strukturen, sondern auch beim Durchsetzen der Ergebnisse. Die Diamantstruktur, in der man die Tetraeder-Valenzen des Kohlenstoffs vor Augen sieht, gefielen natürlich den Chemikern (allerdings hatte Pope eine kubisch-dichteste Kugelpackung erwartet), aber daß bei Steinsalz, Zinkblende und Flußspat nichts von Molekülen zu sehen war, stieß vielfach auf heftigen Zweifel: „Wir wurden dringendst gebeten, eine wenn auch noch so kleine Paarbildung von Natrium- und Chloridionen im Steinsalz zu finden" berichtet Bragg (1959).

Den weiteren Verlauf der Entwicklung der Kristallstrukturanalyse können wir nur ganz stichwortartig skizzieren, wobei wir uns auf die Darstellung der Idealstrukturforschung beschränken. Noch während des ersten Weltkrieges wurden Methoden zur quantitativen Intensitätsmessung (W. H. Bragg) (1914) und -berechnung (C. G. Darwin) geschaffen. Letzterer schuf den Begriff des Mosaikkristalls und die Grundlagen der dynamischen Interferenztheorie, die später von großer Bedeutung werden sollte, hier aber außer Betracht bleiben muß. Es sei nur erwähnt, daß sie unabhängig von P. P. Ewald — 1917 an einem ruhigen Abschnitt der Front — entwikkelt wurde. Ebenfalls unabhängig voneinander fanden Debye und Scherrer (1916) und A. W. Hull (1917) die Pulvermethode. Debye berechnete auch den Temperatureinfluß auf die Intensitäten, der von W. H. Bragg experimentell untersucht wurde.

Ein wesentlicher weiterer Fortschritt wurde durch den Gedanken von P. Niggli erzielt, die Röntgeninterferenzen zur systematischen Bestimmung der Raumgruppe zu benutzen. Zusammen mit den weiter verbesserten Intensitätsmessungen ermöglichte dies die Untersuchung komplizierter Strukturen nicht nur anorganischer sondern auch organischer Stoffe.

Das umfangreiche Untersuchungsmaterial ließ allmählich die Gesetzmäßigkeiten des Kristallbaus erkennen: V. M. Goldschmidts Grundgesetz der Kristallchemie (1926), Paulingsche Regeln (1929). Ein besonders augenfälliger Erfolg war die aus Arbeiten der W. L. Braggschen Schule resultierende Auffindung des Bauprinzips der Silikate, das durch die verschiedenen Verknüpfungsmöglichkeiten der Si—O-Tetraeder beherrscht wird.

Hierbei spielt die Aufklärung der Diopsid-Struktur $CaMg(SiO_3)_2$ eine wichtige Rolle, die mittels Fourier-Synthese gelang (1929). Das Prinzip der Strukturermittlung mittels Fourier-Synthese hatte W. H. Bragg schon 1915 aufgezeigt. Bekanntlich wird dabei die räumliche, dreidimensional-periodische Elektronendichte als Fourier-Reihe gewonnen, deren Koeffizienten die im allgemeinen Falle komplexen Strukturamplituden F sind. Leider liefern die gemessenen Intensitäten nur F^2, so daß die Phase unbekannt bleibt und selbst bei zentrosymmetrischen Strukturen, für die F reell wird, noch das Vorzeichen, dessen Kenntnis man sich also anderweitig verschaffen muß. Ist dies geschehen, so erhält man zwangsläufig die Atompositionen als Zentren der Gebiete höherer Elektronendichte und braucht nicht mehr die Atomparameter systematisch zu variieren, bis die beste Übereinstimmung zwischen beobachteten und berechneten Intensitäten erreicht ist. Bis zu Beginn des zweiten Weltkrieges hatte man gelernt, Strukturen mit bis zu etwa 100 Parametern zu bestimmen. Einen methodischen Fortschritt bedeutete dabei die Patterson-Synthese (1935), eine Fourier-Synthese mit den unmittelbar experimentell anfallenden F^2-Werten, welche nicht die Atomanordnung selbst, sondern die in ihr vorhandenen Abstände liefert und sich als nützliches Hilfsmittel für die eigentliche Strukturbestimmung erwies.

Die Aufklärung immer komplizierterer Strukturen erbrachte nicht nur die Kenntnis dieser Strukturen selbst, sondern auch prinzipiell neue Einsichten. Dafür möchte ich zwei Beispiele kurz erwähnen, das eine betrifft metallische, das andere organische Stoffe. Man hat sich schon in den zwanziger Jahren naturgemäß auch mit Strukturen von Metallen und Legierungen beschäftigt, und dabei selbst unter den Elementen nicht nur so einfache Gitter wie etwa die dichtesten Kugelpackungen angetroffen, sondern z. B. das α-Mn-Gitter (A 12-Typ) mit 58 Atomen in der Elementarzelle (Bradley und Thewlis 1927), das auch bei Legierungen auftritt. Hier wurden weitere Strukturtypen mit großen Elementarzellen gefunden, z.B. die Hume-Rotherysche γ-Phase mit 52 Atomen in der kubischen Elementarzelle ($D8_2$; Bradley und Gregory 1931) oder die tetragonale σ-Phase ($D8_b$) CrFe der Übergangsmetalle (Shoemaker und Bergman 1950). Aus dem vorliegenden Material las J. S. Kasper 1956 das Bauprinzip einer sehr verbreiteten Gruppe metallischer Phasen ab, der sogenannten topologisch dichtgepackten Strukturen, zu der die Laves-, σ-, μ-, P-, R-, M- und Cr_3Si-Phasen, aber nicht die dichtestgepackten Kugelpackungen mit der kubooktaedrischen Koordinationszahl 12 gehören. In ihnen ist eine sehr hohe und gleichmäßige Raumerfüllung verwirklicht, die unter Verminderung der Symmetrie durch ausschließliches Auftreten tetraedrischer Lücken und sehr hoher Koordinationszahlen (12, 14, 15 und 16) erreicht wird.

In bezug auf Metalle sei noch daran erinnert, daß mit Neutronenstrahlen hergestellte Raumgitterinterferenzen weitere strukturelle Kenntnisse geliefert haben. Erst sie ermöglichten die Unterscheidung von Elementen sehr ähnlicher Ordnungszahl z. B. von Cr und Fe in den σ-Phasen und vor allem die Ermittlung magnetischer Strukturen, d. h. die Bestimmung der Orientierung der magnetischen Momente in ferro- und antiferromagnetischen Stoffen, durch die nicht nur vorhandene Vorstellungen bestätigt, sondern auch ganz neue Erkenntnisse gewonnen wurden, z. B. die Möglichkeit nichtkollinearer Momentanordnungen. Schließlich konnte mit Neutroneninterferenzen ein weiteres strukturelles Problem gelöst werden, das der Wasserstoff-Lokalisation neben schweren Atomen. Von besonderer Bedeutung ist dies naturgemäß für organische Verbindungen, auf die wir jetzt noch ganz kurz zu sprechen kommen wollen.

Hinsichtlich der Strukturbestimmung an organischen Stoffen galt nach Bragg bis zum Ende des zweiten Weltkrieges im großen und ganzen gesehen (1961), daß ihre Ergebnisse die Vorstellungen der Chemiker bestätigten, und es entstand nun die Aufgabe, ihnen Neues zu sagen. Auf dem Wege zu diesem Ziel hat man die Strukturen immer komplizierterer Stoffe zu bestimmen gelernt und ist heute bis zu äußerst komplizierten, biologisch wirksamen Molekülen wie etwa Hämoglobin mit rund 10^4 Atomen vorgedrungen. Für die Aufklärung von dessen Struktur erhielten M. F. Perutz und J. C. Kendrew 1962 den Nobelpreis für Chemie. Dazu war verständlicherweise nicht nur der Einsatz moderner Hilfsmittel wie Automation und elektronische Rechentechnik nötig, ohne welche die Aufgabe überhaupt nicht lösbar gewesen wäre, sondern auch prinzipielle methodische Fortschritte. Vor allem ist es gelungen, das jahrzehntelang für unüberwindlich gehaltene Phasenproblem dennoch zu lösen. Damit war der Übergang von den trial-and-error-Verfahren der Strukturbestimmung zum Geradeaus-Verfahren möglich. Überraschenderweise erwiesen sich in dieser Hinsicht gerade die Riesenmoleküle als günstig. Sie lassen nämlich die Anheftung schwerer Atome zu (sogar von größeren Komplexen umgeben), ohne daß sich ihre Anordnung im Kristall ändert. Andererseits gestattet der Streueffekt dieser an verschiedenen Stellen angehefteten schweren Atome, die Phase der Strukturamplitude zu bestimmen.

Auf Grund der Kenntnis der Struktur des Hämoglobins konnte Perutz in weiterer jahrelanger Arbeit 1970 den Mechanismus aufklären, der der Doppelfunktion des Hämoglobins zugrunde liegt, in der Lunge Sauerstoff aufzunehmen und ihn im Gewebe abzugeben sowie von dort CO_2 als Abfallprodukt des Zell-Stoffwechsels wegzuschaffen. Dabei spielen die 4 Eisenatome unter den insgesamt 10000 Atomen eines Moleküls eine durch ihre Anordnung gegebene, entscheidende Rolle.

Zum Schluß sei noch angemerkt, daß die räumliche Elektronendichte-Verteilung, die bei jeder Strukturbestimmung mittels Röntgenstrahlen im Grunde ermittelt wird, nicht nur die Atomanordnung liefert, sondern bei hinreichender Genauigkeit auch Aussagen über die Bindungsverhältnisse. Auch hier sind in den letzten 2 Jahrzehnten große Fortschritte erzielt worden. Jedoch liegt diese Problematik außerhalb unseres Themas.

Schon dieser notwendig sehr unvollständige Streifzug durch die Entwicklung und die Ergebnisse der Strukturforschung zeigt uns die überragende Bedeutung der Entdeckung der Raumgitter-Interferenzen in hellstem Lichte. Bedenken wir noch, daß die Strukturforschung nur *eine* Frucht dieser Entdeckung und diese selbst wiederum nur *eine* der Laueschen Leistungen ist, so dürfen wir uns für berechtigt halten, das Schiller-Wort auf Laue anzuwenden, welches er am Schluß seiner letzten vollendeten Abhandlung (1959, S. 159) in bezug auf Einstein zitiert hat: „Mit dem Genius steht die Natur in ewigem Bunde.“

Literaturverzeichnis

BARLOW, W.: Proc. Roy. Soc. Dublin 8 (1898) 527
BOHR, N.: Phil. Mag. **26** (1913) 1, 476, 857
BRADLEY, A. J., und J. THEWLIS: Proc. Roy. Soc. Lond. A 112 (1928) 678
BRADLEY, A. J., und C. H. GREGORY: Phil. Mag. **12** (1931) 143
BRAGG, W. H.: Nature, Nov. 1912 (zit. nach E. N. da C. ANDRADE, „William Henry BRAGG" in EWALD 1962)
BRAGG, W. H.: Proc. Roy. Soc. Lond. A **89** (1913) 246 u. 430
BRAGG, W. H.: Phil. Mag. **27** (1914) 881
BRAGG, W. H.: Phil. Trans. Roy. Soc. **215** (1915) 253
BRAGG, W. H., und W. L. BRAGG: (1913a), Proc. Roy. Soc. A 88 (1913) 428
BRAGG, W. H., und W. L. BRAGG: (1913b), Proc. Roy. Soc. Lond. A **89** (1913) 277
BRAGG, W. L.: Nature, **90** (1912) 572
BRAGG, W. L.: (1913a), Proc. Cambridge Phil. Soc. **17** (1913) 43
BRAGG, W. L.: (1913b), Proc. Roy. Soc. Lond. A **89** (1913) 248
BRAGG, W. L.: (1914a), Phil. Mag. **28** (1914) 355
BRAGG, W. L.: (1914b), Proc. Roy. Soc. Lond. A **89** (1914) 468
BRAGG, W. L.: Proc. Roy. Soc. Lond. A 123 (1929) 537. Z. Krist. **70** (1929) 489
BRAGG, W. L.: The History of X-Ray-Analysis (1943), Auszugsweise abgedruckt in EWALD, P. P. (1962) S. 62
Deutsche Übersetzung: BRAGG, W. L., Geschichte der Röntgenspektralanalyse, Berlin 1947
BRAGG, W. L.: The Diffraction of Röntgen Rays by Crystals in „Beiträge zur Physik und Chemie des 20. Jahrhunderts", S. 149, Braunschweig 1959
BRAGG, W. L.: Proc. Roy. Soc. Lond. A 262 (1961) 145
BRAGG, W. L.: The Growing Power of X-ray-Analysis in EWALD (1962), S. 122
DARWIN, C. G.: Phil. Mag. **27** (1914) 315, 675
DEBYE, P.: Verg. deutsch. physik. Ges. **15** (1913) 678
DEBYE, P., und P. SCHERRER: Physik. Zeitschr. **17** (1916) 277
EWALD, P. P.: Ann. Phys. **54** (1917) 519; Z. Physik **2**, (1920) 332, **30** (1924) 1; Phys. Z. **26** (1925) 29
EWALD, P. P.: in Beiträge zur Physik und Chemie des 20. Jahrhunderts, Braunschweig 1959, S. 145/46

Ewald, P. P. (Editor): Fifty years of X-Ray Diffraction, Utrecht 1962

Friedrich, W., P. Knipping, und M. Laue: Sitzungsber. Bay. Akad. Wiss., Math.-phys. Klasse, 1912, 303, 363

Goldschmidt, V. M.: Skr. norske Vidensk Akad. 1926, Nr. 2

Hull, A. W.: Physic. Rev. **10** (1917) 661

Kasper, J. S.: in "Theory of Alloy Phases", S. 264, A. S. M. Cleveland, Ohio 1956

Laue, M. v.: Sitzungsber. Bay. Akad. Wiss., Mathem.-phys. Klasse, 1912, 363

Laue, M. v.: Naturwissenschaften **22**, April 1934 u. Ges. Schrif. u. Vorträge (s. u.)

Laue, M. v.: Z. Krist. **105** (1943) 81 und Ges. Schrif. u. Vorträge Bd. III, Braunschweig 1961, S. 186

Laue, M. v.: Geschichte der Physik, 3. Aufl., Bonn 1950

Laue, M. v.: Naturwissenschaften **43** (1956) 1

Laue, M. v.: Sitzungsber. Deutsche Akad. Wiss. zu Berlin, Klasse Math., Naturw. u. Techn. 1959, S. 3—26

Laue, M. v.: Ges. Schrif. u. Vortr., Bd. III, Braunschweig 1961

Moseley, H. G. J.: Phil. Mag. **26** (1913) 1024, **27** (1914) 703

Niggli, P.: Geometrische Kristallographie des Diskontinuums, Leipzig 1919

Patterson, A. L.: Z. Krist. **90** (1935) 517

Pauling, L.: J. Amer. Chem. Soc. **51** (1929) 1010

Planck, M.: Verh. Deutsche Physik, Ges. (3) **18** (1937) 77

Shoemaker, C. B., und B. G. Bergman: J. Amer. Chem. Soc. **72** (1950) 5793

Wulf, J. W.: Physik. Zeitschr. **14** (1914) 217

2. Die Entdeckung der Raumgitterinterferenzen und ihre Auswirkungen in der Metallphysik[1])

Vortrag, gehalten anläßlich der Enthüllung der Max-von-Laue-Büste im Institut für angewandte Physik der Reinststoffe der Deutschen Akademie der Wissenschaften zu Berlin in Dresden am 9. Oktober 1963

Die ehrenvolle Aufgabe, hier anläßlich der Enthüllung der Laue-Büste einen Gedenk-Vortrag zu halten, möchte ich in der Weise zu lösen versuchen, daß ich die Ent-

[1]) Spektrum 9, 392—400 (1963).

deckung der Raumgitterinterferenzen und ihre Auswirkung auf die Metallphysik in großen Zügen schildere. Der Anlaß rechtfertigt es wohl, dabei den Menschen nicht so stark hinter sein Werk zurücktreten zu lassen, wie dies zu Recht in der Wissenschaft im allgemeinen Brauch ist. Ich glaube daher, auf Ihre Zustimmung rechnen zu dürfen, wenn ich in die Darstellung der Auffindung der Raumgitterinterferenzen eine knappe Schilderung des Lebensweges ihres Entdeckers einbeziehe.

(Die nun folgende Lebensbeschreibung M. v. Laues stimmt bis auf einige wenige Änderungen mit der im Beitrag 1, S. 9 bis 21 gegebenen überein und wurde daher hier ausgelassen. Anm. d. Herausg.)

Nun zu den *Auswirkungen* der geschilderten Entdeckung auf die Metallphysik, sie liegen bekanntlich in den Ergebnissen der Strukturforschung im umfassenden Sinne.

Es ist bekannt, daß die Strukturforschung sich in den ersten Jahrzehnten im wesentlichen mit der Ermittlung der idealen Gittertypen der Kristalle beschäftigt hat, wenngleich sehr schnell offenbar wurde, daß die wirklichen Kristalle Gitter besitzen, die nur näherungsweise als Idealgitter betrachtet werden können. Das Studium der Abweichung vom Idealgitter, d. h. das Studium der Gitterfehler ist dann allmählich immer mehr in den Vordergrund gerückt, zumal, nachdem erkannt worden war, daß Gitterfehler trotz ihrer geringen Konzentration für eine Reihe physikalischer Eigenschaften von ausschlaggebender Bedeutung sind.

Dennoch ist aber auch das Studium der Idealgitter noch keineswegs zum Abschluß gekommen, sondern es sind im Gegenteil gerade in den letzten Jahrzehnten sehr erhebliche Fortschritte bei der Untersuchung der Kristallgitter intermetallischer Verbindungen erzielt worden. Ganz neue Erkenntnisse hat insbesondere die magnetische Strukturforschung geliefert, welche Raumgitter-Interferenzen von Neutronenstrahlen anstelle von Röntgenstrahlen benutzt.

Entsprechend dieser Situation will ich zunächst versuchen, auf dem am weitesten fortgeschrittenen Gebiet, dem der Erforschung der Idealgitter, zu umreißen, zu welchen Vorstellungen die Strukturbestimmungen bezüglich des Aufbaues der Metalle geführt haben. Sodann sollen als Beispiel für die Ermittlung der Realstruktur einige Bemerkungen über eine diesbezügliche Anwendung der dynamischen Theorie folgen, und schließlich will ich einen ganz kurzen Überblick über die wichtigsten Ergebnisse der magnetischen Strukturforschung mittels Neutronen-Interferenzen geben.

Natürlich erschöpft sich die Bedeutung der Raumgitter-Interferenzen für die Metallphysik nicht in den genannten Dingen. Ich erinnere z. B. nur an die Rolle der röntgenographischen Phasenanalyse und der Phasengrenzen-Ermittlung durch Gitterkonstantenmessungen in der Konstitutionsforschung, an Korngröße- und Texturbestimmungen oder erwähne, daß die quantitative Untersuchung der Interferenzen natürlich eine genaue Erfassung ihres inkohärenten Streuuntergrundes erfordert und daß aus ihm Informationen über das Schwingungsspektrum eines Kristallgitters erhalten werden können.

Die Strukturforschung an metallischen Stoffen hat nun gezeigt, daß die meisten metallischen Elemente, die Mischkristalle und eine Reihe intermetallischer Verbindungen so einfach gebaut sind, daß man hier gar keine besondere Problematik vermutete. Äußerungen in diesem Sinne findet man noch heute in älteren Lehrbüchern.

Es ist natürlich wahr, daß drei Viertel der rund hundert metallischen Element-Modifikationen einen von drei sehr einfachen Gittertypen besitzen. Warum tun es aber nicht alle? Wonach richtet es sich ferner, in welchem von den drei bevorzugten Gittern ein bestimmtes Metall kristallisiert? Trotz aller für die Beantwortung dieser Fragen aufgewandten Mühe müssen wir gestehen: Wir können sie noch nicht beantworten, sondern wir wissen nur, daß jene Gitter bei den Metallen so häufig auftreten, weil sie alle drei in ihrem Bau dem Wesen der metallischen Bindung, nämlich ihrer Nicht-Absättigbarkeit und ihrer Isotropie, sehr entgegenkommen. Wegen ersterer wächst die Bindungsenergie mit der Zahl der Gitternachbarn, so daß Gitter mit hoher Koordinationszahl bevorzugt sein werden. Die Isotropie der Bindung andererseits zeichnet keine Richtung im Gitter aus, so daß hochsymmetrische Anordnungen zustande kommen werden.

Von den Metallen, die nicht in den bevorzugten Gittern kristallisieren, haben einige Strukturen, die man als Deformation jener auffassen kann; diese dürfte auf eine unvollständige Isotropie der Bindung zurückzuführen sein. Es gibt aber außerdem auffällig komplizierte metallische Elementgitter, namentlich bei den schweren Elementen von Uran an aufwärts (aber auch α-Mn mit 58 Atomen pro Zelle!); sie zeichnen sich außerdem häufig durch eine besonders große Modifikationszahl (6 bei Plutonium) aus. Vielleicht liegen hier die Atome in verschiedenen Zuständen mit vergleichbarer Häufigkeit vor, so daß man es in Wirklichkeit sozusagen mit einem Verbindungsgitter zu tun hat. Bei α-Mn gibt es nach neutronographischen Untersuchungen z. B. drei Arten von Mn-Atomen, die sich durch ihr magnetisches Moment unterscheiden. Wenn verschiedene Atomzustände in vergleichbarer Häufigkeit auftreten, können sie sich energiemäßig nicht stark unterscheiden. Dies könnte die Vielzahl der Modifikation verständlich machen.

Gehen wir von den Elementen zunächst zu den Mischkristallen über, so war deren Gitterbau im wesentlichen sehr schnell erkannt worden. Immerhin sprach es Laue in seinem Nobelvortrag (1920) noch als *Hoffnung* aus, daß man mittels Röntgenstrahlen werde entscheiden können, ob bei Substitutionsmischkristallen statistische oder geordnete Atomverteilungen vorlägen. Es ist bekannt, daß die Antwort „sowohl als auch“ gelautet hat und daß das Studium der Ordnungs*vorgänge*, die wegen ihres Einflusses auf die physikalischen Eigenschaften von großer praktischer Wichtigkeit sind, mit Röntgen-, Elektronen- und Neutronenstrahlen bis heute andauert.

Die Theorie für den statistischen Mischkristall, die Laue schon 1918 entworfen hatte, konnte bis vor kurzem alle Beobachtungen erklären. Erst jetzt ist die Meßgenauigkeit so weit gesteigert worden, daß man kleine Abweichungen von den Voraussetzungen der Theorie festgestellt hat: In Strenge sind die Atome weder völlig regellos verteilt, noch befinden sie sich genau auf den Gitterplätzen des Idealgitters. Die wirkliche Anordnung ist vielmehr schematisch in Abb. 2.1 nach Averbach dargestellt.

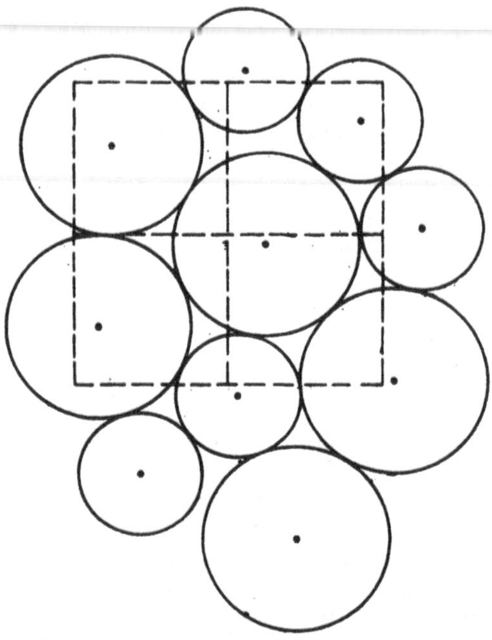

Abb. 2.1. Schematische Darstellung der Atomanordnung in einem Substitutions-Mischkristall nach B. L. Averbach (Theory of Alloy Phases, American Society for Metals, Cleveland, Ohio)

Auch an der Häggschen, rein geometrischen Deutung des Aufbaus der Einlagerungsmischkristalle, die er aus den Strukturbestimmungen der ersten zwei Jahrzehnte gewonnen hatte, sind offenbar Korrekturen notwendig geworden, namentlich, nachdem man in den Neutronen-Interferenzen ein Werkzeug in die Hand bekommen hat, das die Gitterplätze der leichten Elemente H, B, C, N neben den Metallen viel sicherer festzulegen gestattet als die Röntgenstrahlen. Jedoch muß hier noch die weitere Entwicklung abgewartet werden.

Auch für die Erforschung der Ausscheidungsvorgänge beim Zerfall von Mischkristallen haben Röntgenmethoden wertvolle Dienste geleistet. Man denke z. B. nur an die Aufklärung der Natur der sog. Guinier-Preston-Zonen. Dabei sei daran erinnert, daß die zur Untersuchung ähnlicher Probleme herangezogene Kleinwinkelstreuung sich zum großen Teil als durch Braggsche Doppelreflexion hervorgerufen erwiesen hat.

Die interessantesten Ergebnisse hat die Strukturforschung auf dem metallischen Gebiet in letzter Zeit bei den intermetallischen Verbindungen erbracht. Wie sind ihre vom chemischen Standpunkt seltsam erscheinenden stöchiometrischen Zusammensetzungen, wie z. B. $NaAu_2$, Ce_2Ni_7, $CaZn_{13}$, $ReBe_{22}$, zu erklären? Sicher nicht valenzchemisch! wohl aber in vielen Fällen gittergeometrisch.

Für die Laves-Phasen AB_2, zu denen das erwähnte $NaAu_2$ gehört, konnte schon früher gezeigt werden, daß ihre Kristallgitter durch besonders hohe Koordinationszahlen, nämlich 12 und 16, ausgezeichnet sind. Sie erfüllen aber nicht nur diese Forderung der metallischen Bindung, sondern besitzen für beide Atomsorten größtmögliche Symmetrie und erfüllen damit die zweite Forderung metallischer Bindung, so daß sie als Idealgitter für die metallische Bindung betrachtet werden können und ihre auffallende Häufigkeit (z. Z. sind etwa 230 Vertreter bekannt) verständlich erscheint. Andererseits konnte bewiesen werden, daß diese Gitter die einzigen sind, welche die genannten beiden Forderungen erfüllen. Da sie für zwei verschieden große Atomsorten mit dem Durchmesserverhältnis $\sqrt{3/2}$ Platz bieten und die Anzahl der „großen" Gitterplätze zu den „kleinen" 1 : 2 beträgt, ist das stöchiometrische Verhältnis dieser Verbindungen und ihr Radienquotient gittergeometrisch bestimmt. In diesem Sinne ist die Chemie intermetallischer Verbindungen Kristallchemie im wahrsten Sinne des Wortes.

Kürzlich wurde erkannt, daß die Koordinationszahlen 12, 14, 15 und 16 auch das charakteristische Bauprinzip vieler anderer intermetallischer Verbindungen darstellen, namentlich einiger, die bis dahin unverständlich kompliziert gebaut erschienen, wie z. B. σ-, μ-, p-Phasen oder Verbindungen des $CaZn_5$-, $CuAl_2$-, WO_3- und α-Mn-Types.

Hier sei ein weiteres Beispiel für den bestimmenden Einfluß geometrischer Faktoren eingefügt:

Im System Ce-Ni gibt es u. a. die Laves-Phase $CeNi_2$ und die im erwähnten Strukturtyp $CaZn_5$ kristallisierende Phase $CeNi_5$. Sie enthalten als gemeinsames Bauelement sogenannte Kagomé-Netze aus Ni und jeweils ein anderes Bauelement.

Das gemeinsame Bauelement schafft die Möglichkeit, Mischgitter aufzubauen, wie es in Abb. 2.2 schematisch angedeutet ist. Bei einem Mischungsverhältnis $CeNi_2$: $CeNi_5$ = 1 : 1 erhält man offenbar eine stöchiometrische Zusammensetzung Ce_2Ni_7, die tatsächlich existiert und das erwartete Gitter besetzt. Entsprechend liefert die Mischung 2 : 1 die Verbindung $CeNi_3$.

Die ikosaedrische Koordinationszahl 12 und die Koordinationszahlen 14, 15 und 16 gewährleisten für verschieden große Atome eine höhere Raumerfüllung als die bekannten Packungen gleichgroßer Kugeln mit der kubooktaedrischen Koordinationszahl 12. Normalerweise wird mit einer größeren Raumerfüllung auch eine größere Massendichte Hand in Hand gehen, jedoch ist dies nicht notwendig der Fall. Wird z. B. aus den dichtesten Kugelpackungen des Magnesiums und Kupfers (Raumerfüllung R = 74%) die Lavesphase $MgCu_2$ gebildet, (R = 71%) so steigt die Dichte auf 5,74 g/cm³, während das Elementgemenge eine Dichte von nur 5,36 g/cm³ besäße. In solchen Fällen erweist sich — zumindest in einer Reihe von Fällen — die *Dichte*zunahme als entscheidend für die Stabilitätserhöhung, ohne daß dies jedoch bisher verstanden wäre.

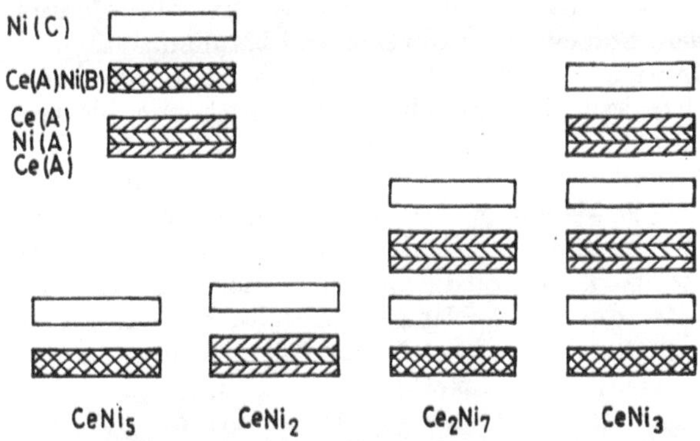

Abb. 2.2. Schematische Darstellung des strukturellen Aufbaues von Cer-Nickel-Verbindungen (vergleiche G. E. R. SCHULZE, „Abhandlungen der Sächsischen Akademie der Wissenschaften zu Leipzig", 48 (1963) 4)

Mit der Betonung der Wichtigkeit gittergeometrischer Prinzipien für die Bildung intermetallischer Verbindungen soll natürlich keineswegs bestritten werden, daß auch andere Faktoren eine große Rolle spielen können. Wenn aber bisweilen gegen Deutungsversuche von Gittereigenschaften aus deren Geometrie angewandt wird, dies sei „unphysikalisch", so möchte ich dem entgegenhalten, daß eine vollständige Deutung der Gitterstruktur natürlich auch die Gitterkräfte umfassen muß, daß es aber falsch ist, zwischen geometrischen und physikalischen Eigenschaften eines Atomes einen prinzipiellen Unterschied zu machen, da letzten Endes beide durch die gleiche ψ-Funktion festgelegt werden. Grundsätzlich muß die Frage, welche Phasen bei einer bestimmten stöchiometrischen Zusammensetzung zu erwarten sind, natürlich so beantwortet werden, daß unter *allen* denkbaren Möglichkeiten das Minimum der freien Enthalpie aufzusuchen ist. In die dazu erforderlichen Energiebilanzen kann die Gittergeometrie entscheidend eingehen, und sie tut es in der Tat häufig, wofür die erwähnten Fälle Beispiele sind. Daß wir heute noch weit davon entfernt sind, solche Untersuchungen quantitativ durchführen zu können, brauche ich wohl nicht zu betonen.

Wenden wir uns nun der Frage nach der Erforschung der Realstruktur der Kristalle zu. Es wird immer als eine ungewöhnliche Leistung von C. G. Darwin (1914) betrachtet werden müssen, daß er bereits im zweiten Jahr nach der Entdeckung der Röntgeninterferenzen aus seinen Messungen den Schluß zog, daß das Bild des Idealkristalls nicht ausreicht, um die quantitativen Einzelheiten der Beobachtungen zu erklären. Dazu führte er vielmehr den Begriff des Mosaikkristalles ein, der das Vorhandensein von Gitterfehlern und ihre räumliche Verteilung umfaßt. Damit war umgekehrt die Möglichkeit zur röntgenographischen Ermittlung der Kristallgüte erkannt. Außerdem fand er, daß die einfache geometrische Theorie der Röntgeninterferenzen nur das Verhalten des Mosaikkristalles richtig beschreibt, während für Idealkristalle eine genauere Theorie, die sog. dynamische, erforderlich ist, deren Grundgedanken er entwickelte.

Inzwischen unterscheidet man eine ganze Reihe Gitterfehler und teilt sie häufig in 0-, 1- und 2-dimensionale ein. Zur Untersuchung aller drei Typen werden Röntgenmethoden, aber natürlich keineswegs ausschließlich angewandt. Ich erwähne nur kurz die Bestimmung der Konzentration von Leerstellen als Beispiel 0-dimensionaler Gitterfehler durch kombinierte Dichte- und Gitterkonstantenmessung und die Stapelfehleruntersuchungen als Beispiel zweidimensionaler Gitterfehler mittels Röntgen- und Elektroneninterferenzen. Auf den Nachweis eindimensionaler Fehler, nämlich Versetzungen als einen besonders wichtigen Fehlertyp, möchte ich etwas näher eingehen, allerdings auch hier unter Beschränkung auf eine einzige der Röntgenmethoden, die zugleich eine interessante Anwendung der schon mehrfach erwähnten dynamischen Interferenztheorie darstellt.

Die dynamische Theorie berücksichtigt in ihrer heutigen auf Laue zurückgehenden Gestalt drei in der geometrischen Theorie vernachlässigte Effekte: 1. die Wechselwirkung der gebeugten Strahlen untereinander und mit dem Primärstrahl, 2. die Absorption und 3. die Brechung. Der Einfluß dieser Effekte wird nur beobachtbar, wenn die Kohärenzbereiche des Kristalles genügend groß sind. Diese Bedingung ist am Realkristall mit seinen Kohärenzbereichen (Mosaikblöcken) von größenordnungsmäßig 10^{-4} cm linearer Ausdehnung für Röntgenstrahlen gewöhnlich nicht erfüllt, sondern nur in extrem fehlerfreien Kristallen, wie man sie im letzten Jahrzehnt herzustellen gelernt hat. Für Elektronenstrahlen mit ihrer rund 10^4 mal stärkeren Wechselwirkung mit der Materie liegen die Verhältnisse günstiger, so daß Elektroneninterferenzen für die Prüfung der dynamischen Theorie eine besondere Rolle spielen.

Nach der dynamischen Theorie ist im Kristallgitter keine einzelne Welle existenzfähig, sondern nur eine Gesamtheit von prinzipiell unendlich vielen Wellen, ein sogenanntes Wellenfeld. Der Interferenzfall ist dadurch ausgezeichnet, daß hier eine Anpassung des Wellenfeldes an das Kristallgitter vorliegt, die bei Kristallen mit Symmetriezentrum eine besonders einfache Gestalt annimmt. Dann fallen nämlich die Knotenebenen des Wellenfeldes entweder mit den reflektierenden Netzebenen zusammen oder liegen in der Mitte zwischen ihnen. In dieser Anpassung des Wellenfeldes an das Kristallgitter liegt nach Laue das tiefste Wesen der Gitterinterferenzen (Abb. 2.3).

Dieser Sachverhalt hat für die Absorption eine bemerkenswerte Folge: Wären die Atome punktförmig, so wären sie bei Lage auf einer Knoten-Ebene überhaupt keinem elektrischen Feld ausgesetzt. Dieses würde also auch nicht absorbiert werden können. Wegen der endlichen Ausdehnung der Atome wird die Absorption dieses Wellenfeldes nicht Null werden, aber doch kleiner als im interferenzlosen Fall. Diese anomal verminderte Absorption in dem Interferenzfall ist von Borrmann (1942) schon vor ihrer theoretischen Erkenntnis experimentell an sehr vollkommenen Kalkspatkristallen entdeckt worden. Die anomale Absorption kann auf einige Prozent des Normalwertes sinken.

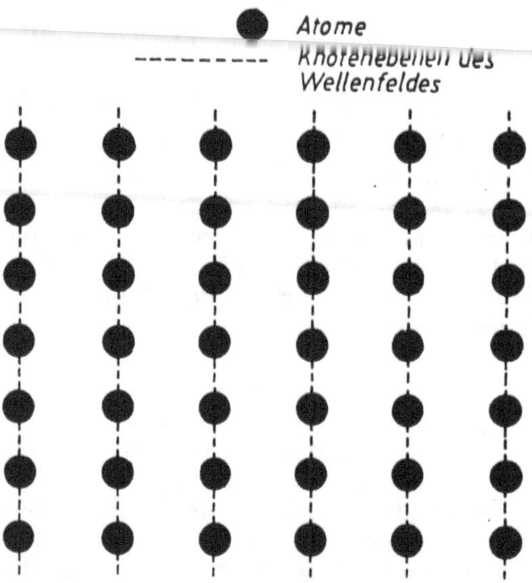

Abb. 2.3. Anpassung des Wellenfeldes an das Kristallgitter

Voraussetzung sind aber immer sehr vollkommene Kristalle. Wird ein solcher von einer Versetzung durchzogen, so ist das Kristallgitter in ihrer Umgebung bekanntlich verzerrt und damit die Anpassung des Wellenfeldes an das Kristallgitter gestört. Mithin wird hier die Verringerung der Absorption im Interferenzfall aufgehoben, d. h., die Versetzung erzeugt eine Schattenlinie im Röntgenbild, wie dies Abb. 2.4 zeigt. Dieses Verfahren zur Sichtbarmachung von Versetzungen ist natürlich nur bei geringen Versetzungsdichten anwendbar. Es ist übrigens neuerdings gelungen, ausreichend geringe Versetzungsdichten auch bei Metallkristallen (Cu) zu erreichen.

Es sei hier erwähnt, daß wir in unserer Rossendorfer Neutronenbeugungsgruppe den Borrmann-Effekt auch für Neutronenstrahlen nachweisen konnten, was angesichts charakteristischer Unterschiede zwischen Neutronen- und Röntgeninterferenzen interessant ist.

Zum Schluß möchte ich noch kurz auf die Ergebnisse der Strukturforschung mittels Raumgitterinterferenzen von Neutronenstrahlen zu sprechen kommen, wobei ich mich im wesentlichen auf ein wichtiges Teilgebiet, nämlich die magnetische Strukturforschung, beschränken will, die bekanntlich den Neutronenstrahlen allein vorbehalten ist.

Ich erwähne daher nur kurz, daß es außerdem zwei für die Metallphysik wichtige Anwendungsgebiete der Neutroneninterferenzen gibt: Fälle, in denen der zu untersuchende Stoff im periodischen System der Elemente unmittelbar benachbarte Elemente enthält oder solche, die sehr weit auseinanderstehen. Im ersten Fall unterscheiden sich die Komponenten röntgenographisch zu wenig, im zweiten zu stark, während dies hinsichtlich der Neutronenstreuung nicht zu gelten braucht infolge Fehlens einer monotonen Abhängigkeit der Streuamplitude vom Atomgewicht. Der erste Fall spielt z. B. beim Studium von Ordnungsvorgängen in Legierungen von Chrom, Mangan, Eisen, Kobalt und Nickel eine wichtige Rolle, der zweite bei der Struktur von Hydriden, Karbiden, Nitriden, Boriden usw. So konnte z. B. kürzlich gezeigt werden, daß das sogenannte hexagonale Chrom, von dem man lange weiß, daß es in

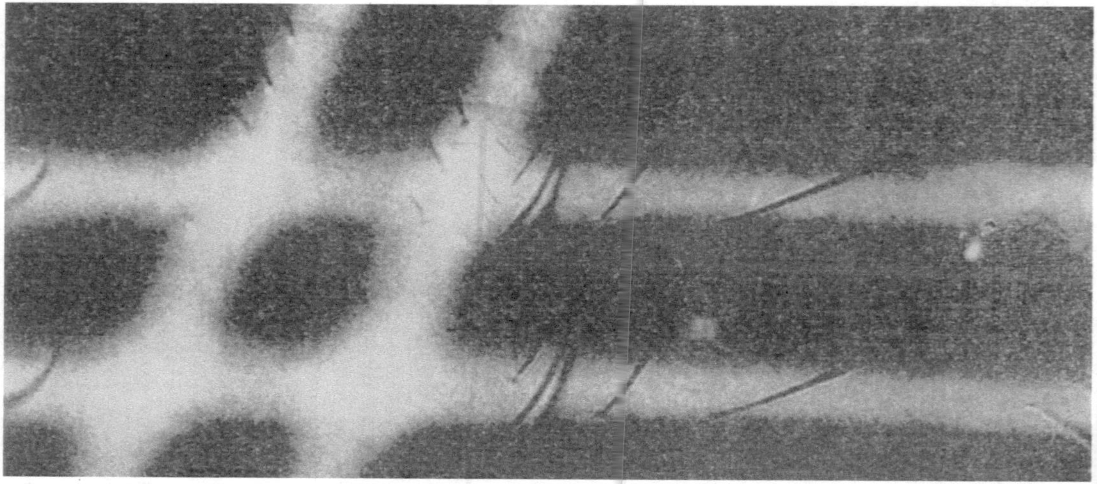

Abb. 2.4. Schattenlinien von Versetzungen mittels BORRMANN-Methode nachgewiesen (reproduziert nach G. BORRMANN, Physikalische Blätter **15** (1959) 508)

Wirklichkeit ein Hydrid ist, nicht die bisher angenommene Struktur besitzt, sondern eine Anti-Struktur zum Nickelarsenid-Typ, die hier zum ersten Mal beobachtet wurde.

Die Möglichkeit der neutronographischen Ermittlung magnetischer Strukturen beruht auf der Wechselwirkung zwischen den magnetischen Momenten des Neutrons und dem der Atomhülle. Sie liefert Interferenzen sofern die magnetischen Momente im Gitter geordnet sind, und eine inkohärente Streuung, wenn die Momente bezüglich ihrer Richtung ungeordnet sind, wie in paramagnetischen Stoffen. In beiden Fällen kann die Größe des magnetischen Momentes bestimmt werden, bei magnetischen Ordnungszuständen außerdem die Richtung, in der die Momente geordnet sind. Die Theorie für die Raumgitterinterferenzen von Neutronenstrahlen ist genau die gleiche wie die Lauesche für Röntgenstrahlen. Man hat nur die Röntgenstreuamplituden durch diejenigen für Neutronen zu ersetzen. Letztere lassen sich im Fall der magnetischen Streuung theoretisch berechnen, wie dies auch für Röntgenstrahlen zutrifft.

Die Ergebnisse der magnetischen Strukturforschung bestehen zunächst in der grundsätzlichen Bestätigung der Néelschen Vorstellungen über Antiferromagnetismus und Ferromagnetismus. Dabei wurden zum erstenmal Modelle, die zur Deutung der magnetischen Messung ersonnen worden waren, mit ganz andersartigen Methoden als richtig befunden. Es zeigte sich aber bald, daß die Verhältnisse in Wirklichkeit viel komplizierter sind, als man erwartet hatte. Als Beispiel zeige ich die neutronographisch ermittelte magnetische Struktur des antiferromagnetischen hexagonalen Cers (Abb. 2.5). Sie besteht aus paarweise antiferromagnetisch gekoppelten ferromagnetischen Schichten senkrecht zur hexagonalen Achse. Ich möchte allerdings nicht verschweigen, daß dieses Modell nicht als endgültig gesichert gelten kann, weil nur wenige magnetische Reflexe intensitätsmäßig ausgewertet werden können.

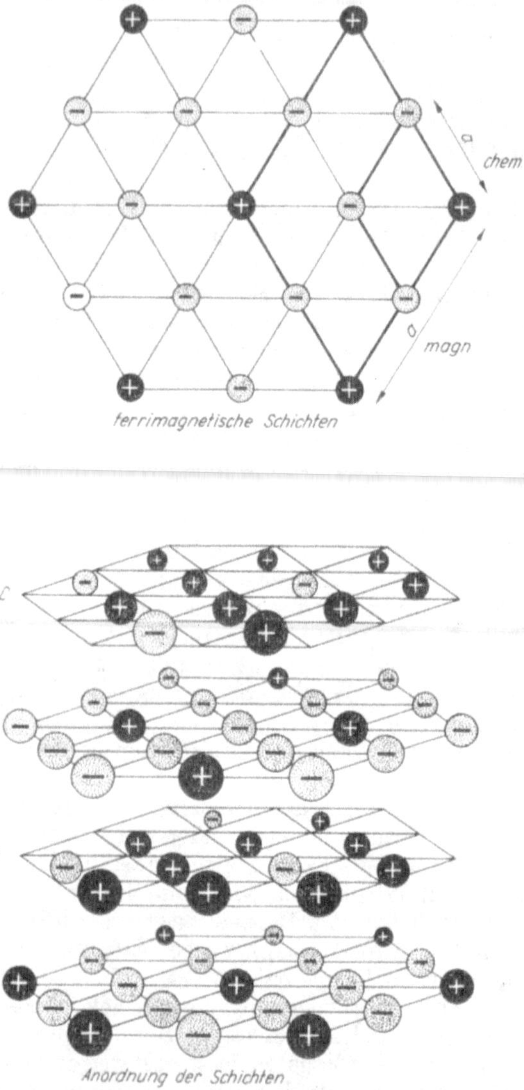

Abb. 2.5. Magnetische Struktur des antiferromagnetischen Cers nach M. K. Wilkinson und Mitarbeiter, Phys. Rev. 122 (1961) 1409

Diese Schwierigkeiten bestehen bislang leider oft noch. Daher konnte z. B. trotz aller Mühe weder die magnetische Struktur des antiferromagnetischen Chroms noch die seltsame Größe des mittleren magnetischen Momentes des Eisenatoms von 2,18 μ_B mit Sicherheit aufgeklärt werden.

Namentlich theoretisch interessant ist der Nachweis, daß es ferromagnetische Stoffe gibt (z. B. $ZrZn_2$; T_C = 35 K), bei denen kein lokalisiertes magnetisches Moment nachgewiesen werden konnte, obwohl die Nachweisgenauigkeit viel größer als das erwartete Moment war.

Das wichtigste allgemeine Ergebnis, das man bisher den magnetischen Raumgitterinterferenzen verdankt, ist aber wohl der experimentelle Nachweis, daß richtungsgeordnete Momentkonfigurationen nicht notwendig parallel oder antiparallel sein müssen, sondern daß in der Natur auch nichtkollineare Konfigurationen auftreten, z. B. schraubenförmige, wie sie zuerst im $MnAu_2$ und dann im Dysprosium nachgewiesen wurden. Im Dysprosium sind die magnetischen Momente in jeder einzelnen hexagonalen Ebene parallel gekoppelt, aber von Schicht zu Schicht ändert sich die gemeinsame Richtung um einen bestimmten Winkel, der im antiferromagnetischen Temperaturbereich (90—180 K) von 26 auf 43° wächst. Bei anderen Seltenen-Erd-Metallen finden sich noch kompliziertere nichtkollineare Konfigurationen. Diese sind aber keineswegs auf die Seltenen Erden oder auf Elemente überhaupt beschränkt.

Schon dieser notwendig sehr unvollständige Streifzug durch diejenigen Ergebnisse der Strukturforschung, welche die Metallphysik interessieren, zeigt uns die überragende Bedeutung der Entdeckung der Raumgitterinterferenzen im hellsten Licht. Bedenken wir noch, daß die Strukturforschung nur *eine* Frucht dieser Entdeckung und diese selbst wiederum nur *eine* der Laueschen Leistungen ist, so dürfen wir uns für berechtigt halten, das Schillerwort auf ihn anzuwenden, das er am Schluß seiner letzten vollendeten Abhandlung in bezug auf Einstein zitiert hat:

„Mit dem Genius steht die Natur in ewigem Bunde!“

3. Ausscheidungsvorgänge in Legierungen[1][2]

Meine sehr verehrten Damen und Herren!

Unsere diesjährige Metalltagung weist eine um mehr als die Hälfte größere Besucherzahl auf als die vorjährige, die als erste derartige Veranstaltung in der Deutschen Demokratischen Republik durchgeführt wurde. Die Zahl der angemeldeten Kurzvorträge war so groß, daß es zu unserem Bedauern nicht möglich war, alle in das Programm aufzunehmen. An ihm beteiligen sich mit Kurzvorträgen 12 Institute, von denen 5 mit je 2 Vorträgen zu Worte kommen.

Man darf diese starke Beteiligung wohl dahin deuten, daß mit unserer Veranstaltung nicht nur eine Tagung mehr stattfindet, sondern einem wirklichen Bedürfnis entsprochen wird. Vielleicht kann diese Resonanz auch als ein Zeichen dafür angesehen werden, daß der beschrittene Weg im großen und ganzen richtig ist, wenn sich auch die Veranstalter nur allzu bewußt sind, wieviel im einzelnen verbesserungsfähig ist, und daher an alle Teilnehmer die herzliche Bitte richten, diesbezügliche Vorschläge an sie gelangen zu lassen.

Meine Damen und Herren, in der Tatsache, daß unsere Tagungen im Rahmen der Konferenzen über wissenschaftliche Grundlagen der modernen Technik stattfinden, darf man keine zufällige Äußerlichkeit sehen. In unserer heutigen Zeit ist die Wissenschaft nicht mehr allein

---

[1]) Vortrag auf der Konferenz der Forschungsgemeinschaft der Deutschen Akademie der Wissenschaften zu Berlin am 29. 11. 1962 in Berlin-Adlershof

[2]) veröff. in „Ausscheidungsvorgänge in Legierungen“, Akademie-Verlag, Berlin 1964, S. 9—10

das persönliche Anliegen ihrer Vertreter, sondern sie ist eine Produktivkraft allerersten Ranges geworden, deren Pflege und Weiterentwicklung eine unerläßliche Aufgabe der modernen Gesellschaft ist. Dies gilt nicht nur für die Zweckforschung, sondern es gilt auch für die reine Grundlagenforschung, wie erst neuerdings wieder in dem Entwurf eines neuen Programms der Sozialistischen Einheitspartei Deutschlands festgestellt wurde. Wir müssen uns der gesellschaftlichen Verantwortung des modernen Wissenschaftlers stets bewußt sein.

Auf dem Gebiet der Metalle liegen die Dinge hinsichtlich des Verhältnisses von Praxis und Theorie recht instruktiv. Seit Jahrtausenden bedienen sich die Menschen der Metalle als Werkstoffe, aber die wissenschaftliche Metallkunde ist noch keine hundert Jahre alt, und eine Metallphysik im modernen Sinne gibt es erst seit wenigen Jahrzehnten. Welche Fortschritte sich aber auf dem Gebiet der Metalltechnik durch wissenschaftliche Arbeitsweisen selbst im allerersten Anfangsstadium ermöglichen lassen, dafür ist das Duraluminium ein berühmtes Beispiel. Wenn seine Entdeckung durch A. Wilm auch ein halbes Jahrhundert zurückliegt, enthält sie doch soviel Bemerkenswertes, daß ich sie kurz schildern möchte, zumal diese Dinge den Jüngeren unter uns vielleicht kaum noch bekannt sind.

In einem deutschen Metallwalzwerk hatte eine Firma Aluminiumlegierungen mit einer bestimmten Mindestfestigkeit bestellt, die andererseits — wegen zunehmender Fertigungsschwierigkeiten — auch nicht wesentlich überschritten werden sollte. Das Lieferwerk prüfte daher das Material sorgfältig vor dem Versand. Der Abnehmer fand es jedoch bei der Wareneingangskontrolle zu hart und schickte es zurück. Der Hersteller prüfte erneut und mußte zu seiner größten Verwunderung die Beanstandung als berechtigt anerkennen. Er stellte neues, wiederum geprüftes Material her und — erhielt es abermals zurück. Man verglich die Prüfmaschinen; sie stimmten überein. Man stand vor einem Rätsel. Da begann

Wilm, Mitarbeiter eines Versuchslaboratoriums, das Problem wissenschaftlich zu untersuchen. Er konnte bald zeigen, daß die Aluminiumlegierungen einer bestimmten Zusammensetzung nach geeigneter Walz- und Wärmebehandlung bei Zimmertemperatur während der ersten 5 Tage nach ihrer Herstellung eine mehr als 100%ige Härtezunahme aufweisen. Damit war nicht nur die Lösung des Rätsels gefunden, sondern zugleich der Weg zur Herstellung von Aluminiumlegierungen mit bis dahin unbekannten Festigkeitswerten. Freilich vergingen noch etwa zwei Jahrzehnte, bis der physikalische Mechanismus dieser Erscheinungen gefunden wurde, der bekanntlich in die große Gruppe der Ausscheidungsvorgänge, denen unsere heutige Tagung gewidmet ist, gehört.

Nachdem die Metallwissenschaft und die Festkörperphysik überhaupt so spät ins Leben getreten waren, nahmen sie eine überraschend schnelle Entwicklung: Die Festkörperphysik ist heute derjenige Teil der Physik, in dessen Rahmen die meisten Arbeiten veröffentlicht werden, wohlgemerkt auch mehr als in der Kernphysik, die so stark als „moderne Physik“ schlechthin im allgemeinen Bewußtsein steht. Bei dieser stürmischen Entwicklung dürfen wir hoffen, daß die Metallphysik bald ihr Jugendstadium ganz überwunden haben wird — indem sie sich oft damit begnügen muß, die Erfahrungen der Älteren in ihrem Sinne zu deuten — und dazu übergeht, auf Grund dieser Erkenntnisse die Entwicklung der Metalle und ihrer Eigenschaften planmäßig in eine von der Praxis gewünschte Richtung zu lenken, wie dies heute schon in Einzelfällen gelingt.

Wir wollen wünschen, daß unsere Tagung dazu einen Beitrag leistet, indem sie hilft, neue Ergebnisse allen Interessierten schnell bekanntzugeben. Wenn sie damit dem Fortschritt der Wissenschaft und Technik dient, so möge dies zugleich auch ein Schritt zur Verbesserung des Lebens für alle sein.

4. Grundlagen des Festigkeitsverhaltens voı Metallen[1])[2])

Meine sehr verehrten Damen und Herren!

Wie Sie aus dem Programm entnommen haben, finden diesmal nur Übersichtsvorträge zu dem Thema unserer Konferenz „Grundlagen des Festigkeitsverhaltens von Metallen" statt. Dies schien der Unterkommission Metallphysik und dem vorbereitenden Arbeitsausschuß „Metall", in dem außer der Unterkommission die Gesellschaft Deutscher Berg- und Hüttenleute, die Physikalische Gesellschaft in der DDR und die Chemische Gesellschaft in der DDR vertreten sind, geboten, weil es sonst unmöglich gewesen wäre, auch nur einen Überblick über das umfangreiche Thema in den zur Verfügung stehenden zwei Tagen zu geben. Auf der nächstjährigen Tagung sollen aber außer Übersichtsvorträgen zu einem Hauptthema auch wieder Kurzvorträge über neue Untersuchungen aus dem Gesamtgebiet der Metallwissenschaft stattfinden, natürlich mit einer gewissen Bevorzugung des Hauptthemas. Als Hauptthema ist „Rekristallisation" vorgeschlagen worden, wir sind aber auch für andere Anregungen dankbar. Bezüglich der jetzigen Tagung ohne Kurzvorträge hoffen wir um so mehr, daß sie durch lebhafte Diskussionsbeiträge eine zusätzliche Bereicherung erfahren wird. Zu den beiden ersten Vorträgen des heutigen Vormittags, welche die Grundlagen des behandelten Fragenkomplexes in einheitlicher Darstellung bereitstellen werden, ist allerdings keine Diskussion geplant.

Gestatten Sie mir bitte, meine sehr verehrten Damen und Herren, noch einige Worte zu unserem Thema. Die Formulierung „Grundlagen des Festigkeitsverhaltens

¹) Einführungsvortrag auf der 3. Gemeinschaftskonferenz „Metall" am 19. 3. 1964 in Berlin-Adlershof

²) veröff. in „Grundlagen des Festigkeitsverhaltens von Metallen", Akademie-Verlag, Berlin 1965, S. 7—10

von Metallen“ bedarf vielleicht einer Erläuterung. Zunächst ist klar, daß die Festigkeit der Metalle einer der Gründe für ihre hervorragende Eignung als Werkstoff ist. Aber ein weiterer Grund dafür, ihre gute Bearbeitbarkeit, hängt sehr eng mit dem plastischen Verhalten zusammen. Dies gilt für die spanlose Verformung von vornherein, aber auch für die spanabhebende Verformung. Wir verstehen daher hier unter Festigkeitsverhalten nicht nur die Frage der Zerreißfestigkeit, sondern allgemeiner die des Verhaltens gegenüber Beanspruchung durch äußere Kräfte, grundsätzlich also die elastische Verformung, das plastische Fließen und schließlich den Bruchvorgang. Indessen sind aus zeitlichen Gründen Einschränkungen notwendig, und deshalb wurden die elastischen Prozesse ausgeklammert, zumal die anderen vom praktischen Standpunkt aus wichtiger erscheinen; vor allem aber, weil bei ihnen in letzter Zeit erhebliche Fortschritte in der Erkenntnis der physikalischen Grundlagen erzielt worden sind, so daß man jetzt von einem grundsätzlichen Verstehen des plastischen Verhaltens sprechen kann und — wenigstens in einigen einfachen Fällen — umgekehrt die physikalischen Vorstellungen als Wegweiser benutzen kann für die Richtung, in welcher Werkstoffe mit besserem Festigkeitsverhalten gefunden werden können. Dies wird in den letzten beiden Vorträgen zum Ausdruck kommen.

Meine Damen und Herren, stellen Sie sich bitte einmal vor, wie überrascht ein unter uns weilender Geisteswissenschaftler, vielleicht ein Philosoph, über die letzte Aussage sein muß, daß wir jetzt endlich das plastische Verhalten der Metalle verstehen, diese Eigenschaft, welche die Menschen seit Jahrtausenden praktisch anwenden. Wenn man die bei modernen Philosophen anzutreffende Hochachtung vor den Naturwissenschaftlern voraussetzt, wird er die geschilderte Situation kaum für begreiflich halten.

Für uns, die wir die Entwicklung kennen, ist diese Tatsache als Folge des historischen Verlaufes durchaus verständlich. Aber die Verwunderung, die sie andererseits bei Unkenntnis dieses Ablaufes hervorruft, zeigt, daß die geschichtliche Entwicklung unseres Wissenschaftszweiges alles andere als selbstverständlich verlaufen ist, und es erscheint daher angebracht, sie sich bei Gelegenheiten wie dieser einmal deutlich vor Augen zu halten.

Rückwärts schauend ist uns klar, daß eine *erklärende* Festkörperphysik nur eine atomistische Festkörperphysik sein kann, und daraus ergibt sich, daß die voratomistischen Epochen der neuzeitlichen Physik auf unserem Gebiet kaum zu wesentlichen Erfolgen in diesem Sinne gelangen konnten. Mit dieser Bemerkung sollen hervorragende Leistungen, wie z. B. die Kontinuumsmechanik, keineswegs in ihrer Bedeutung geschmälert werden, aber es liegt in der Natur der Sache, daß sie im wesentlichen phänomenologischer Art sein mußten.

Man macht sich heute leicht ein falsches Bild vom Durchsetzen der Vorstellung des atomistischen Aufbaues der Materie in der Physik, wenn man etwa davon ausgeht, daß die Chemiker den modernen Atom- und Molekülbegriff bereits um 1810 (Dalton 1808; Avogadro 1811) entwickelt hatten. Zwar veröffentlichte der Physiker Ludwig August Seeber schon 1824 die Vorstellung, daß die Kristalle aus regelmäßigen Anordnungen eben dieser chemischen Atome beständen, aber sie war ihrer Zeit zu sehr voraus, wurde daher kaum beachtet und bald völlig vergessen. Die erste physikalische Anwendung des Atom- und Molekülbegriffes, die sich durchsetzte, war die kinetische Gastheorie, die zu Anfang der zweiten Hälfte des 19. Jahrhunderts entstand. Aber immer noch konnte der Atomismus nur langsam an Boden gewinnen, denn die Zeit war nicht theoriefreundlich, und es gelangen noch keine überzeugenden experimentellen Bestätigungen der Atome. Man bedenke, daß so bedeutende Gelehrte wie Ostwald und Mach noch zu Beginn dieses Jahrhunderts Gegner des Atomismus waren. Der verdienstvolle Forscher auf dem Gebiet der Radioaktivität Stefan Meyer schildert Machs Bekehrung durch Beobachtung einzelner Atomprozesse in Form von α-Strahl-Szintillationen auf einen Leuchtschirm als eines seiner ergreifendsten Erlebnisse. Als er Mach dieses Experiment vorführte, machte jener, der sonst bei der Erwähnung von Atomen meist mit der Frage dazwischengefahren war: „Habns eins g'sehn?", nicht etwa kleinliche, starrköpfige Einwendungen, sondern erklärte schlicht: „Nun glaube ich an die Existenz der Atome". Ein überzeugendes Experiment hatte in wenigen Augenblicken eine jahrzehntelang gepflegte Vorstellungswelt zusammenbrechen lassen.

Das experimentum crucis für die Richtigkeit der Seeberschen Vorstellung von den Kristallen als Atomgittern lieferten M. v. Laue, Friedrich und Knipping 1912 durch Erzeugen von Röntgeninterferenzen an Kristallen, freilich ohne daß sie damals etwas von Seeber wußten. Damit hatte die Geburtsstunde der modernen Festkörperphysik geschlagen. Kurz darauf (1914) machte Ch. G. Darwin die Entdeckung, daß die wirklichen Kristalle dem Idealbild des streng periodischen Gitters nur näherungsweise entsprechen und daß bei der Deutung ihrer Eigenschaften die Gitterfehler nicht vernachlässigt werden können. Im Laufe der nächsten Jahrzehnte wurde das Studium der Gitterfehler immer wichtiger für die Erklärung der Kristalleigenschaften, und die uns hier interessierende plastische Verformbarkeit der Metalle wurde überhaupt erst durch das Vorhandensein eines ganz bestimmten Gitterfehlertyps verständlich, der sogenannten Versetzungen, deren Eigenschaften Gegenstand der ersten beiden Vorträge sein werden.

Der Begriff der Versetzung wurde zuerst von L. Prandtl (1928) — noch in etwas vager Form — zur Erklärung anelastischer Erscheinung an Metallen herangezogen und unabhängig von U. Dehlinger (1929) dazu benutzt, eine Rekristallisationstheorie zu entwickeln. Nach starker plastischer Verformung bestehen danach im sonst ungestörten Gitter fehlerhafte Bereiche als Quellen der Eigenspannungen. Er nannte sie damals Verhakungen.

Nach heutiger Terminologie handelt es sich um zwei nahe beieinander liegende Versetzungen entgegengesetzten Vorzeichens.

Es kann nicht die Aufgabe dieser einführenden Worte sein, einen Abriß der Entwicklung der Versetzungstheorie als der physikalischen Grundlage des Festigkeitsverhaltens der Metalle zu geben. Es seien jedoch noch ganz kurz einige Einzelheiten in dieser Hinsicht erwähnt, und es sei ein für alle Mal betont, daß man über den Erfolgen der Versetzungstheorie nicht vergessen darf, daß es außer den Versetzungen noch andere Gitterfehler gibt, ganz zu schweigen vom intakten Gitter!

Die Bedeutung der Versetzung für das plastische Gleiten wurde unabhängig von E. Orowan, M. Polanyi und G. I. Taylor zwar schon 1934 erkannt, aber es dauerte selbst in unserer schnellebigen Zeit beinahe 20 Jahre, bis sich diese Theorie durchsetzen konnte. Was sind die Ursachen dafür?

Die Versetzungen gestatten zwar, die Schwierigkeiten zu überwinden, die für die Deutung des plastischen Gleitens auf Grund der Idealgittervorstellung bestanden, aber sie erscheinen zunächst als Hypothese ad hoc: Weder konnte man ihr Auftreten in hinreichender Häufigkeit theoretisch verständlich machen, noch gab es experimentelle Nachweismethoden. Die erste Schwierigkeit wurde um 1950 sehr gemildert, als Frank und Read einen Mechanismus angaben, der aus einmal vorhandenen Versetzungen bei Wirksamkeit äußerer Kräfte immer weitere neu zu erzeugen gestattet. Nachdem die theoretischen Vorstellungen dadurch sehr viel überzeugender geworden waren, setzte ein intensives Bemühen ein, die Versetzungen experimentell nachzuweisen, was bald zur Auffindung einer größeren Anzahl geeigneter Methoden führte. Besonders wertvoll erwiesen sich elektronenmikroskopische Verfahren, z. B. bei der Ausarbeitung der Theorie der Verfestigungskurve kubischflächenzentrierter Metalle in den 50iger Jahren, wie sie besonders in Stuttgart unter Leitung von A. Seeger erfolgte.

Ein anderer grundsätzlicher Fortschritt ist im gleichen Zeitraum erzielt worden, indem eine Brücke geschlagen wurde zwischen der atomistischen Versetzungstheorie und der phänomenologischen Plastizitätsforschung. E. Kröner konnte dabei zeigen, daß die Versetzungen (im etwas verallgemeinerten Sinn) die Quellen der Eigenspannungen im Kristall sind. Da die Versetzungsanordnung in einem Kristall beobachtbar ist, besteht mittels jener Zusammenhänge die Möglichkeit, die Eigenspannungsfelder im Kristall zu bestimmen, die für viele seiner Eigenschaften wichtig sind. Daher kann man jetzt Probleme quantitativ untersuchen, die sich früher der Bearbeitbarkeit entzogen. So gelang es z. B., die Einmündung der Magnetisierungskurve von Nickel in die Sättigung zu berechnen (H. Kronmüller).

Wir haben hier schon ein Beispiel für den Einfluß der Versetzungen auf nichtmechanische Eigenschaften. Ein weiteres ist die elektrische Leitfähigkeit. Jedoch bleiben diese Dinge außerhalb unserer Betrachtungen.

Wir hoffen aber, schon im Rahmen des Festigkeitsverhaltens der Metalle zeigen zu können, wie die zunächst rein theoretischen Vorstellungen der Versetzungen im Laufe weniger Jahrzehnte nicht nur zum Begreifen langbekannter, aber unverstandener Sachverhalte geführt haben, sondern darüber hinaus — in Einzelfällen — bereits jetzt Richtlinien liefern für die Lösung technischer Festigkeitsprobleme.

Indem wir durch unsere Tagung dazu beizutragen versuchen, daß diese metallphysikalischen Erkenntnisse auch im Kreise der Metallkundler der Praxis möglichst schnell Allgemeingut werden, glauben wir daher der Devise zu entsprechen, die im Siegel der Deutschen Akademie der Wissenschaften, der Trägerin dieser Veranstaltung steht: theoria cum praxi.

In diesem Sinne wünsche ich Ihnen zwei nützliche und erfolgreiche Tage.

5. Die Entwicklung der Vorstellung vom plastischen Gleitvorgang[1][2]

Unsere heutige Vorstellung vom atomistischen Vorgang beim plastischen Gleiten entwickelte sich in drei Abschnitten, die nacheinander zur Atomgitterkonzeption der Kristalle, der Gleitvorstellung und deren quantitativem Ausbau führten. Die entscheidenden historischen Arbeiten, vor allem die von E. Reusch werden in ihrer Bedeutung anhand von Quellenstudien gewürdigt und bis zur modernen Versetzungsvorstellung verfolgt.

Wenn auch unser ganzes heutiges Kolloquium unter dem Motto „100 Jahre Gleitvorstellung“ steht, so soll doch nur dieser erste Vortrag historisch orientiert sein, indem er versucht, die Entwicklung unserer Vorstellung über den physikalischen Elementarprozeß des plastischen Fließens zu verfolgen. Eine solche gelegentliche Besinnung auf die Art und Weise, wie neue wissenschaftliche Erkenntnisse entstehen und sich durchsetzen, scheint mir nicht nur interessant, sondern auch notwendig in einer Zeit, in der so viel über die Fortentwicklung der einzelnen Wissenschaftsgebiete nachgedacht wird. Ich will damit freilich keineswegs behaupten, daß man die gefundene historische Entwicklungslinie sozusagen nur zu extrapolieren brauche, um zu einer gültigen Voraussage zu kommen. Wenn die Kenntnis der Wissenschaftsgeschichte also in dieser Hinsicht auch nicht ausreichend ist, so ist sie aber jedenfalls nützlich.

Die plastische Verformbarkeit der Metalle nutzt der Mensch technisch aus, solange sie ihm überhaupt als Werkstoffe dienen, aber ein — wenigstens grundsätzliches — Verständnis dieser Eigenschaft ist erst seit wenigen Jahrzehnten erzielt worden.

Zum Teil sind die Ursachen dieses Umstandes trivial: Wir verstehen heute unter einer Erklärung der Eigen-

---

[1]) Vortrag gehalten am 4. 10. 1967 im II. Institut für Experimentalphysik der TU Dresden anläßlich des einhundertsten Jahrestages der Entwicklung der Gleitvorstellung durch E. Reusch.

[2]) Wiss. Z. d. TU Dresden 17, 782—786 (1968)

schaft eines Stoffes ihre Zurückführung auf seinen atomaren Aufbau. Naturgemäß kann dies erst erfolgen, wenn der atomare Aufbau bekannt ist. Solange man sich mit der Kontinuumsvorstellung der Festkörper begnügte, war eine Theorie, die von experimentell zu ermittelnden Stoffkonstanten ausging, befriedigend, ebenso wie wir heute meist die Atomeigenschaften als gegeben ansehen, zumindest aber die Kerneigenschaften. Eine spätere Generation wird jedoch vielleicht gerade deren Zurückführung auf die Eigenschaften der „Elementarteilchen“ als die eigentliche Erklärung eines physikalischen Sachverhalts betrachten.

Wenn wir die Entwicklung der Vorstellung vom plastischen Fließen der Kristalle verfolgen wollen, haben wir daher die Atomgitterkonzeption, die Gleitvorstellung und deren quantitativen Ausbau zu betrachten. Dies soll jetzt mit unterschiedlicher Ausführlichkeit geschehen.

1. Atomgittervorstellung der Kristalle und Kristallinität der Metalle

Die regelmäßige Gestalt der Kristalle hat bekanntlich frühzeitig einzelne Forscher zu der Vorstellung geführt, daß ein Kristall durch eine in den drei Raumdimensionen periodische, d. h. gittermäßige Anordnung irgendwelcher Bausteine ausgezeichnet ist. Die erste bekannte diesbezügliche Äußerung stammt von Kepler; er kam angesichts sechseckiger Schneekristalle auf die Idee, sie könnten aus Kugelpackungen kleinster Bausteine bestehen, und stellte aus diesem Anlaß wohl die ersten Überlegungen über Kugelpackungen und ihre Raumerfüllung an. Abb. 5.1 zeigt eine Zeichnung aus seiner kleinen Schrift „Strena seu de nive sexangula“, die zu Neujahr 1611 erschien [2]. Ich erwähne nur, daß ähnliche Darstellungen z. B. von Hooke (1665), Huygens (1690), Réaumur (1722) und Haüy (1781) bekannt sind.

Nachdem um 1810 der moderne Atomismus in der

Chemie Fuß gefaßt hatte, war Ludwig August Seeber (1793—1855), Professor der Physik in Freiburg, 1824 der erste, der die „neuen Atome" der Chemiker als die kugelförmigen Bausteine eines Haüyschen Kristallmodells betrachtete, die durch anziehende und abstoßende Kräfte im Gleichgewicht gehalten werden sollten. Die

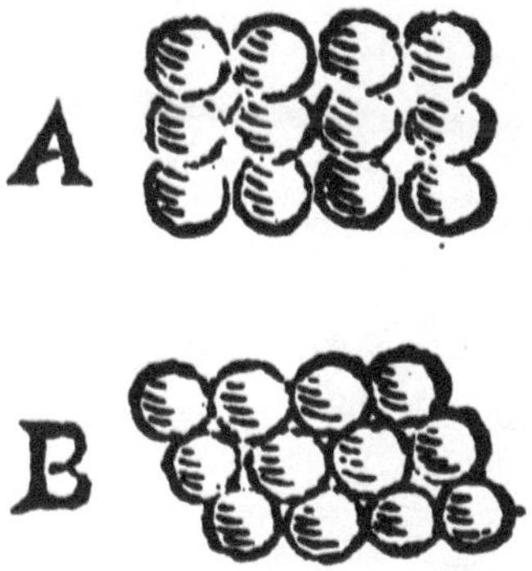

Abb. 5.1. Kugelmodelle zur Entstehung der Symmetrie von Schneekristallen aus der Originalarbeit KEPLERS [1]

Abb. 5.2 zeigt eine Illustration aus Seebers Arbeit [3]. Obwohl er zum ersten Mal über eine rein geometrische Überlegung hinausgehend das Kräftegleichgewicht betrachtet und in diesem Zusammenhang Dichteänderung, Elastizität und Wärmeausdehnung diskutiert hatte, blieb seine Arbeit — trotz eines Hinweises von Gauß — unbeachtet und wurde erst 1879 durch Sohncke der Vergessenheit entrissen. Dieser Gelehrte hatte auch an der Entwicklung der mathematischen Gittertheorie der Kristalle wesentlichen Anteil.

Wenn diese auch 1891 mit der unabhängigen Aufstellung der 230 Raumgruppen durch Fedorow und Schönflies abgeschlossen wurde, konnte sie sich erst nach ihrer experimentellen Bestätigung durch v. Laue, Friedrich und Knipping [5] in breiten Kreisen der Physiker,

Kristallographen und Metallkundler durchsetzen, weil vorher, um mit v. Laue selbst zu sprechen, „keine physikalische Erscheinung zur Annahme der Raumgitterhypothese zwang“ (z. B. wurde die Anisotropie der Kristalle meist durch Vorzugsorientierung der Moleküle erklärt, deren Schwerpunkte räumlich unregelmäßig angeordnet gedacht wurden). Nichtsdestoweniger war die

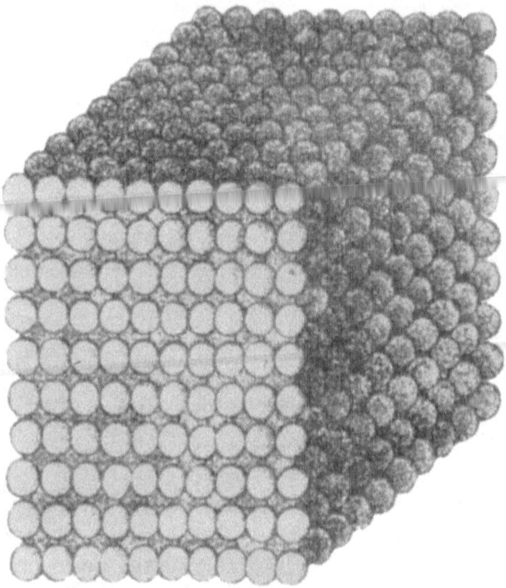

Abb. 5.2. Kristallmodell nach SEEBER [4]

Gittervorstellung aber immer wieder im Laufe des ganzen 19. Jahrhunderts als Arbeitshypothese einzelner Forscher wirksam geworden.

Es ist gerade in dieser Hinsicht bemerkenswert, daß der Übergang von der rein mathematischen Gittertheorie zur physikalischen, dynamischen unter Einbeziehung der Kraftwirkung zwischen den Gitterbausteinen, den man bekanntlich M. Born verdankt, schon vor der v. Laueschen

Entdeckung in Angriff genommen wurde. Die erste Veröffentlichung [6] erschien praktisch gleichzeitig mit der Arbeit von v. Laue, und schon 1915 konnte Born die erste Monographie über die „Dynamik der Kristallgitter“ vorlegen [7].

Wenn mit der Aufstellung der Gittertheorie die Frage des Kristallaufbaus auch grundsätzlich geklärt war, so blieb die weitere offen, ob Festkörper, die nicht offensichtlich Kristalle sind, dennoch einen verborgenen kristallinen Aufbau besitzen, z. B. Metalle, bei denen makroskopisch erkennbare Kristalle recht selten sind. Es scheint heute kaum verständlich, wie langsam sich die Vorstellung vom polykristallinen Aufbau jeglichen Metalls durchgesetzt hat, obwohl es eigentlich immer vereinzelte Hinweise darauf, z. B. an Bruchflächen, gegeben hat und obwohl durch die Einführung des Mikroskops in die Metallforschung um die Mitte des vorigen Jahrhunderts die körnige Struktur jeden Metalls sichtbar geworden war. Zu der Erkenntnis, daß die einzelnen Körner eines Metallschliffes als Kristallite anzusehen seien, haben die Studien an den Widmanstättenschen Figuren (z. B. Abb. 5.3) viel beigetragen, die A. v. Widmanstätten, der Direktor der Porzellanmanufaktur in Wien, 1808 durch Ätzen von Meteoreisen — mit bloßem Auge erkennbar — erzeugt hatte.

Unter diesen Umständen wurde der Aufbau von Metallen aus Kristallen auch bald nicht mehr überhaupt angezweifelt, sondern die Streitfrage lautete, ob feste Metalle noch in einem anderen Zustand als dem kristallinen auftreten. Die Kontroverse darüber, die sich — teilweise in heftigster Form — länger als ein halbes Jahrhundert hinzog, wurde endgültig erst beendet, als die Röntgeninterferenzen gestatteten, die gitterhafte Struktur auch beliebig verformter Metallproben zweifelsfrei nachzuweisen.

Später ist der amorphe Aufbau polierter Metalloberflächen, der sogenannten Beilby-Schichten, noch viel diskutiert worden. Beilby (1911) hatte amorphen Aufbau für einen viel weiteren Bereich, nämlich für jedes kaltverformte Metall, postuliert. Diese Vorstellung wurde von Rosenhain (1913) auf Korngrenzen übertragen.

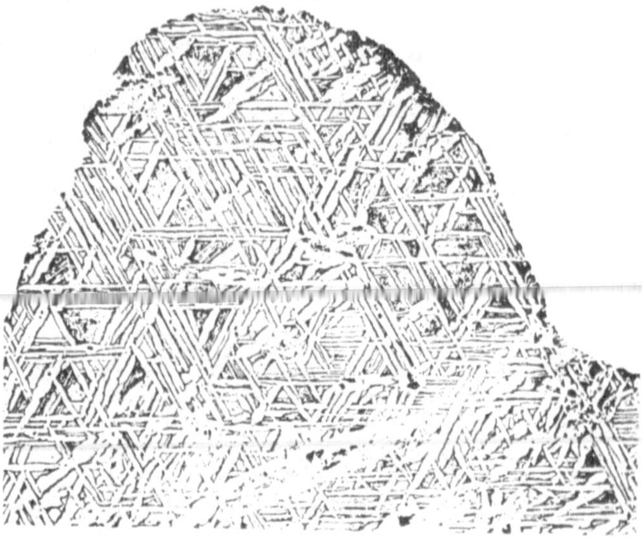

Abb. 5.3. Schliffbild des Elbogen-Eisenmeteoriten. Das Original ist ein direkter Abdruck der sorgfältig geätzten Fläche (nach SCHREIBERS [8], übernommen von SMITH [9]), Maßstab ~ 1 : 1

2. Gleitvorstellung

Die Plastizität als physikalisches Problem ist erst um die Mitte des vorigen Jahrhunderts den Physikern bewußt geworden. In der 2. Auflage des Müller-Pouilletschen Physiklehrbuches, die 1844 erschienen ist und immerhin 1300 Seiten umfaßt, werden die Stoffe auf Grund ihres Verhaltens nach Überschreiten der Elastizitätsgrenze in spröde und dehnbare eingeteilt, und dazu wird gesagt, daß nur letztere bleibend verformt werden können. Davon mache man beim Münzprägen Gebrauch; das ist die einzige weitere Bemerkung zur Plastizität!

Indessen entstand aber im Zuge des stark anwachsenden Maschinenbaus und namentlich der rapiden Entwicklung des Eisenbahnwesens gegen die Mitte des vorigen Jahrhunderts eine systematische Festigkeitsprüfung der Werkstoffe, während vorher der Bruch von Waffen, Werkzeugen und Maschinenteilen zwar gelegentlich sehr intensiv, jedoch im ganzen nur sporadisch betrachtet worden war. Dadurch sammelte sich quantitatives empirisches Material an, und 1864 entwickelte Tresca [10] die erste phänomenologische Plastizitätstheorie in Analogie zur praktisch schon seit Jahrzehnten bestehenden Elastizitätstheorie. Ein physikalisches Verständnis der Vorgänge konnte auf diese Weise natürlich nicht erzielt werden, sondern hierzu wurde der erste Schritt durch Eduard Reusch 1867 [11] (also praktisch gleichzeitig) getan. Friedrich Eduard Reusch (1812–1891) war von 1851 bis 1884 Ordinarius für Physik in der naturwissenschaftlichen Fakultät der Württembergischen Landesuniversität Tübingen [12]. Es ist vielleicht interessant anzumerken, daß es an dieser Universität damals eine staatswirtschaftliche Fakultät gab, an der Reusch von 1855 bis 1871 gleichzeitig Maschinenlehre und Technologie vertrat. Vor seiner Berufung nach Tübingen war er zuletzt Professor am Stuttgarter Polytechnikum gewesen. Von seinem Vorgänger und Lehrer Nörrenberg, dem Erfinder des Polarisationsapparates, hat er nach seinen eigenen Worten die Liebe zur Optik und zu den Kristallen geerbt. Sein Nachfolger war Ferdinand Braun, der Erfinder des Braunschen Rohrs und Nobelpreisträger (mit Marconi zusammen) für die Entwicklung der drahtlosen Telegraphie [13].

Es ist verlockend – ich muß es mir aber versagen –, seinem Arbeitsstil näher nachzugehen, der – typisch für den damaligen Physiker – von unserem heutigen völlig verschieden war. Ich halte es für wichtig, sich diese grundsätzlichen Veränderungen im Wissenschaftsbetrieb während 100 Jahren gelegentlich deutlich ins Bewußtsein treten zu lassen. Denn daraus folgt zwangsläufig, daß schon während des Berufslebens eines einzelnen Wissenschaftlers erhebliche Umgestaltungen der zweckmäßigen Arbeitsweise eintreten, die er, wenn er nicht zurückbleiben will, akzeptieren muß.

Unserem Thema gemäß beschränke ich mich hier auf die Feststellung, daß Reusch bei der Auffindung des Gleitprozesses in Kristallen sicher nicht die Absicht gehabt hatte, die Plastizität aufzuklären, sondern daß er mit seinen Steinsalz- und Kalkspatkristallen experimentierte, wahrscheinlich, um den Einfluß von Druck auf die kristalloptischen Erscheinungen zu studieren und dabei infolge seiner äußerst exakten und alles erfassenden Beobachtung auch die Gleitlinien fand. Auch deutete er sie nicht nur richtig, sondern erkannte zugleich sowohl ihre Bedeutung für die Aufklärung einer ihn bis dahin gar nicht interessierenden Erscheinung als auch weitere damit neu aufgeworfene Fragen. Daß der von ihm an Einkristallen beobachtete Gleitprozeß auch für die plastische Verformung polykristallinen Materials verantwortlich sein könne, sprach er im Hinblick auf das plastische Fließen des Gletschereises aus, das damals nur durch die Regelationstheorie gedeutet wurde. Reusch hat später selbst über den Elastizitätsmodul von Eis gearbeitet [14] — charakteristischerweise nur in kalten Wintern!

Voraussetzung für die geschilderte vollständige Erfassung ganz unerwarteter Befunde ist natürlich eine sehr umfassende Ausbildung und ein nicht nur in spezieller Richtung trainierter Denkapparat, sondern ein allgemein gut geschultes Denkvermögen. Das alles hatte Reusch, wiewohl der Älteste von 6 Kindern einer armen Lehrerswitwe, gleich vielen seiner erfolgreichen Landsleute auf dem altberühmten Tübinger Stift erhalten. Seine Vielseitigkeit spiegelt sich auch im Verzeichnis seiner Veröffentlichungen wider, das neben vielen optischen und kristallographischen Arbeiten auch solche enthält wie „Der Spitzbogen und die Grundlinien seines Maaßwerkes; ein geometrischer Beitrag zur Ornamentistik des Mittelalters“ oder eine mathematische über unendliche Reihen oder andere über Flüssigkeitsströmungen [15]. Dabei gehörte Reusch gar nicht einmal zu den Sternen erster Ordnung, wenn er auch, wie z. B. seine Berufung in die Deutsche Akademie der Naturforscher (Leopoldina) zu Halle (Saale) zeigt, als über dem Durchschnitt seiner Berufskollegen stehend empfunden wurde.

Zurück zum Gleitvorgang! Reusch schreibt in seiner hier interessierenden Arbeit [16]: „Denken wir uns nämlich durch einen Kristall, parallel einer vorhandenen oder kristallographisch möglichen Fläche, eine Ebene E gelegt und an den rechts und links von E liegenden Stücken A und B Kräfte so angebracht, daß ein Antrieb zum Gleiten von A an B längs E in einer gewissen Richtung entsteht, so steht zu erwarten, daß der auf die Flächeneinheit bezogene Widerstand gegen das Gleiten sowohl abhängt von der Wahl der Fläche E als von der Richtung des Antriebs in dieser Fläche. Es ist nun weiter denkbar, daß in jedem Kristall Flächen existieren, längs welcher der Widerstand gegen Gleiten und Verschiebung für gewisse Richtungen in den Flächen kleiner ausfällt als für andere Flächen, und solche Flächen möchte ich Gleitflächen nennen.“ Hier sind also Gleitflächen und -richtungen in aller Deutlichkeit charakterisiert. Ferner wird sogar das Schmidsche Schubspannungsgesetz vorweggenommen und die Bedeutung von Kristallfehlern erkannt, denn es heißt weiterhin: „Man begreift aber, daß derselbe Druck gleichzeitig auch Verschiebungen in den übrigen gleichwertigen Gleitflächen, welche gegen die Druckrichtung geneigt sind, anregen kann, sofern dieser Druck Komponenten liefern kann, welche in die Gleitflächen fallen und die Richtung der leichtesten Verschiebbarkeit haben. Von der Art und Weise der Verteilung des Drucks sowie vom zufälligen Vorhandensein schwächerer Stellen an den Kanten und Flächen oder im Innern des Kristalls wird es dann abhängen, wo die Verschiebung ihren Anfang nimmt."

Reusch bestimmte z. B. an Steinsalz als Gleitebene die Rhombendodekaederfläche. Seine Untersuchungsmethode war dabei hauptsächlich die im Polarisationsmikroskop beobachtete Spannungsdoppelbrechung, aber er hat auch die Gleitlinien an der Kristalloberfläche eingehend studiert, und am Kalkspat hat er zum ersten Mal die Möglichkeit der Zwillingserzeugung durch Druck nachgewiesen, die dann — in leichter durchführbarer Form — Baumhauer näher aufgeklärt hat.

Nach Reusch war der Mineraloge Mügge der erste, der Gleitsysteme von allen möglichen Einkristallen systematisch auf Grund von Gleitlinienuntersuchungen bestimmte (z. B. [17]). Er führte für den Vorgang des Gleitens den Namen Translation [18] ein, den Vorgang der mechanischen Zwillingsbildung nannte er einfache Gleitung oder Schiebung und gab das Holzscheibenmodell dafür an. Von ihr wollen wir im folgenden absehen trotz ihres gelegentlichen Beitrages zur plastischen Verformung.

Metallen wandte Mügge sich erst verhältnismäßig spät zu, weil damals nur die meist kleinen Einkristalle der in der Natur im elementaren Zustand vorkommenden Metalle zur Verfügung standen. Mügge legte der Göttinger Akademie am 14. 1. 1899 eine vorläufige Mitteilung über an Einkristallen ermittelte Gleitsysteme einer Reihe von Metallen vor, darunter z. B. Gold und Kupfer [19]. In der ausführlichen Veröffentlichung, die im gleichen Jahr im Neuen Jahrbuch für Mineralogie [20] erschien, wurde auch auf die Bedeutung der Translation für die plastische Verformung polykristalliner Metallstäbe hingewiesen. Praktisch gleichzeitig haben Ewing und Rosenhain [21] umfangreiche Untersuchungen über die Gleitlinien bei plastischer Verformung polykristalliner Metallproben unter dem Mikroskop veröffentlicht (Abb. 5.4 [22]). Sie wurden am 18. 5. 1899, bzw. die vorläufige Mitteilung am 16. 3. 1899 eingereicht. Ich habe die einzelnen Daten genannt, weil sie zeigen, daß die Prioritätsfrage bezüglich der ersten Beobachtung von Gleitlinien bei Metallen, wenn man sie angesichts der offenkundigen Unabhängigkeit und praktischen Gleichzeitigkeit überhaupt stellen will, nur zugunsten Mügges entschieden werden kann, während in der Literatur oft das Umgekehrte unter Nichtbeachtung der Müggeschen vorläufigen Mitteilung geschieht.

Abb. 5.4. Gleitstreifung auf der Oberfläche eines verformten Bleikristalls (nach EWING und ROSENHAIN [23])

In ihrer Arbeit deuten Ewing und Rosenhain auf Grund sehr sorgfältiger Untersuchungen die Gleitlinien als mikroskopische Stufen (Abb. 5.5), die sich in den einzelnen Körnern des Schliffes längs den Spuren betätigter Gleitebenen bilden und daher in ein und demselben Korn scharweise parallel sind. Die Autoren fassen ihre

Ergebnisse folgendermaßen zusammen: „Die Struktur der Metalle ist allgemein kristallin und bleibt kristallin, wenn die Form des Metalls durch Verformung geändert wird. Plastisches Fließen wird durch Gleiten auf Spalt- und Gleitebenen in jedem individuellen Korn hervorgerufen, teilweise (bei einigen Metallen) durch Zwillingsbildung.

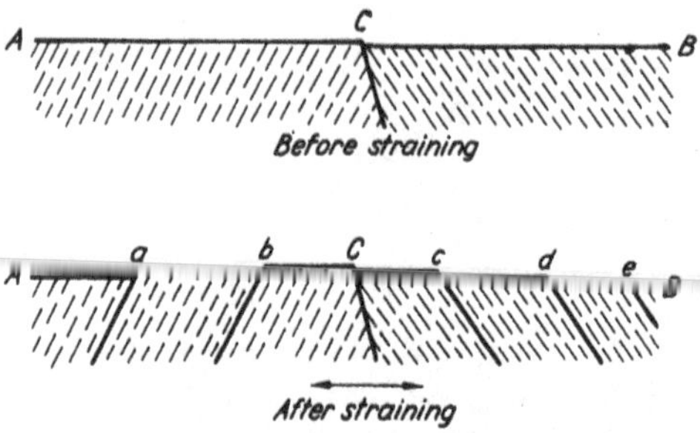

Abb. 5.5. Schematische Darstellung des Verlaufs der Oberfläche in der Umgebung einer Korngrenze vor (ACB) und nach (AabCcdeB) Dehnung (nach EWING und ROSENHAIN [24])

3. Quantitativer Ausbau der Gleitvorstellung

Ein wesentlicher weiterer Fortschritt konnte jetzt nur in der Erzielung eines quantitativen Verständnisses der Erscheinungen liegen, d. h., es mußte zunächst quantitatives Beobachtungsmaterial über den Ablauf der plastischen Verformung gewonnen und dieses dann auf Grund atomistischer Betrachtung erklärt werden. Dazu waren einmal Einkristalle von Metallen als Prototypen plastischer Festkörper erforderlich, andererseits mußte eine atomistische Theorie der Kristallgitter vorliegen. Diese beiden Voraussetzungen waren erst um 1920 erfüllt, und so setzte erst da eine Weiterentwicklung der Platizitätsforschung ein, charakteristischerweise ganz überwiegend auf Metalle konzentriert.

Voigt, der Vater der modernen Kristallphysik, war wohl der erste oder zumindest einer der ersten, der in einer 1919 erschienenen Arbeit [25] versuchte, systematisch quantitative Vergleiche zwischen den Ergebnissen der neuen Gitterdynamik und den Beobachtungen anzustellen, wobei er sich auf seine langjährigen Messungen, namentlich an Steinsalz und Kalkspat, stützen konnte. Im ganzen gesehen war der Gewinn nicht groß, da die salzartigen Kristalle bei Zimmertemperatur meist so spröde sind, daß man kaum Verfestigungskurven gewinnen kann.

Ganz anders lag es hinsichtlich der Untersuchung der Metalleinkristalle, die man inzwischen herzustellen gelernt hatte. Auf diesem Gebiet setzte eine lebhafte Entwicklung ein, die an die Namen Polanyi, Schmid, Sachs, Boas, damals alle in Berlin, aber an verschiedenen Instituten tätig, geknüpft ist: Es bildet sich allmählich eine bestimmte Experimentiertechnik heraus, bei der die Ermittlung sogenannter Verfestigungskurven mit der Polanyi-Apparatur eine große Rolle spielt. Hier wurde in bekannter Weise die Schubspannung über der Abgleitung bei konstanter Temperatur und bei — wenigstens im Prinzip — konstanter Abgleitgeschwindigkeit aufgetragen (Abb. 5.6). Die Deutung des Verlaufs und die Parameter dieser Kurven beschäftigen die Festigkeitsforschung nun etwa 40 Jahre, trotz aller Erfolge ist sie jedoch bisher nicht zu einem vollständigen Abschluß gebracht worden.

Aus den Verfestigungskurven erhält man bekanntlich eine kritische Schubspannung, die um einen Faktor 1000 und mehr kleiner ist als die sogenannte „theoretische Schubfestigkeit“, die sich zumindest größenordnungsmäßig leicht abschätzen läßt. Eine entsprechende Situation war schon von der Zerreißfestigkeit bekannt und hatte viel Aufsehen hervorgerufen. Von den mannigfachen Erklärungsversuchen sei der Griffithsche [27] erwähnt, nach dem verborgene Risse und ihre Kerbwirkung für die Diskrepanz verantwortlich sind.

Daß auch hinsichtlich der geringen Schubfestigkeit Baufehler wirksam sein mußten, war von vornherein klar, und ich hatte bereits darauf hingewiesen, daß schon Reusch bei der Entdeckung der Gleitlinien sich dieses Sachverhaltes bewußt gewesen war. In der Tat läßt sich der Umstand, daß von den vielen im Idealgitter exakt gleichwertigen Netzebenen einer Netzebenenschar nach Ausweis der Gleitlinien nur wenige — offenbar nach sta-

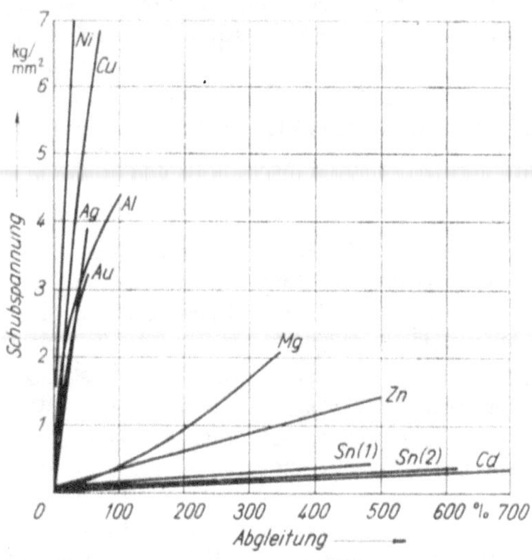

Abb. 5.6. Verfestigungskurven von Metalleinkristallen nach Schmid und Boas [26]

tistischen Gesichtspunkten „ausgewählte" — ansprechen, nur durch wahllos im Gitter verstreute „Fehlstellen" deuten. Auch die Größe der Verschiebung wechselt beim plastischen Gleitvorgang unregelmäßig von Gleitebene zu Gleitebene (im Gegensatz zur Zwillingsbildung).

Über die Natur der Fehlstellen wurden viele Spekulationen angestellt, die ich hier nicht schildern kann. Wenn man die diesbezüglichen Arbeiten heute durchsieht, ist man erstaunt, wie nahe man mitunter schon der Versetzungsvorstellung war. Einige wesentliche Eigenschaften, die diese Fehlstellen notwendig besitzen mußten, waren klar erkannt, aber irgendeine weitere fehlte noch, und so versagte das betreffende Modell, man mußte es aufgeben und stand weiterhin vor einem Rätsel. So beginnt ein 1929 erschienener Bericht „Zur Frage der Plastizität" von so hervorragenden Sachkennern wie Polanyi und Schmid [28] mit den Worten: „Noch immer ist es unbekannt, wodurch jenes Versagen fester Körper bedingt ist, das als Zerreißen oder Verformung wahrgenommen wird, wenn das Material über ein gewisses Maß angespannt wird." Und weiter heißt es: „Der Kernpunkt der Plastizitätsfrage liegt nun in dem äußerst niedrigen Wert dieser kritischen Schubspannung. Dieser liegt bei einigen 100 g/mm^2, wogegen die Größenordnung der Gitterkräfte auf das 1000fache dieses Wertes zu schätzen ist."

Es dauerte noch 5 Jahre, bis 1934 praktisch gleichzeitig durch Orowan, Polanyi und Taylor [29]–[31] das Hinwegstreichen von Versetzungen über die Gleitebene als der Elementarprozeß des plastischen Gleitens erkannt wurde, bei dem der eine Kristallteil sich gegenüber dem anderen um einen Atomabstand verschiebt. Alle drei Autoren konzipieren nur Stufenversetzungen (die Schraubenversetzung wurde erst 1939 von Burgers [32] eingeführt). Abb. 5.7 zeigt die Originaldarstellungen aus den drei Arbeiten. Orowan, damals ein Mitarbeiter des theoretischen Physikers der Berliner Technischen Hochschule, Becker, der sich selbst um die Deutung des plastischen Fließens (thermische Schwankungen) verdient gemacht hat [33], später am Massachusetts-Institute of Technology tätig, bemerkte [34], daß er in seinen Darlegungen den Ausführungen seiner Diplomarbeit aus dem Jahre 1929 folgt! Im gleichen Heft der Zeitschrift f. Physik befindet sich auch die Notiz von Polanyi [38], der sich in seiner Berliner Zeit als Abteilungsleiter im Haberschen Kaiser-Wilhelm-Institut für Physikalische Chemie eingehend mit Fragen der Metallplastizität beschäftigt hatte, damals aber schon in Manchester wirkte. Er

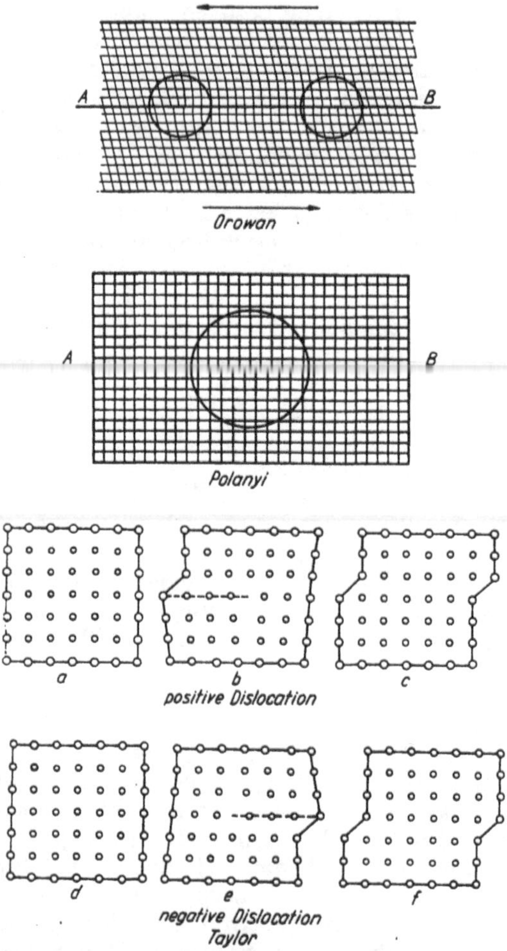

Abb. 5.7. Schematische Darstellung des Kristallgitters mit Stufenversetzungen (nach Orowan [35], Polanyi [36] und Taylor [37])

bemerkte ausdrücklich, daß ihn die Orowanschen Ergebnisse, die ihm offenbar vor Drucklegung zugänglich gemacht worden waren, zur Veröffentlichung „vor längerer Zeit gemachter Aufzeichnungen“ veranlaßten. Von ihm stammt die deutsche Bezeichnung „Versetzung“, und er weist darauf hin, daß dieselbe Art von Gitterstörungen von Prandtl [39] schon zur Erklärung der elastischen Nachwirkung und von Dehlinger [40] zur Deutung der Rekristallisation diskutiert worden sei. Zur Charakterisierung von Polanyis Arbeitsweise darf ich eine kurze Stelle aus seiner genannten Arbeit zitieren, die sich an eine Darlegung durch Versetzungsbewegung anschließt: „Dieser Mechanismus hat somit eine offenkundige Schwäche: er führt nämlich zu einer streng begrenzten Dehnbarkeit. Man könnte versucht sein, darauf eine Erklärung der Verfestigung zu gründen, doch spricht dagegen, daß man bisher stets die Beobachtung gemacht hat, daß das Gitter bei der Verfestigung unvollkommener wird und niemals, daß es besser wird, man denke besonders an die sehr empfindlichen optischen Messungen. Man wird also die Verfestigung eher wie bisher auf Gitterstörungen zurückführen.“ Dann folgt eine Diskussion der Frage der Nachbildung der Versetzungen, die damals bekanntlich nicht gelöst wurde. Es sei noch angemerkt, daß Polanyi und Schmid Jahre vorher in der schon zitierten Arbeit [41] die Möglichkeit erwogen hatten, ob die energetischen Schwierigkeiten beim Gleiten, die für die Idealgittervorstellungen bestehen, quantenmechanisch (Tunneleffekt) zu lösen seien.

Auch Taylor [42] war, als er gleichzeitig und ganz unabhängig denselben Gitterfehler, von ihm „dislocation“ genannt, als Schlüssel zur Aufklärung des Gleitens erkannte, schon viele Jahre mit dem Problem der Metallplastizität beschäftigt gewesen und hatte vorher auf anderen Wegen (innere Hohlräume) versucht, die niedrige kritische Schubspannung zu erklären.

Die uns hier interessierende Auswirkung der Versetzungstheorie auf die Gleitvorstellung bestand darin, daß die Reuschsche Konzeption des Abgleitens des Kristalls auf einer kristallographisch ausgezeichneten Ebene zwar grundsätzlich beibehalten wurde, daß aber anstelle des exakt gleichzeitigen Gleitens aller Atome der betreffenden Ebene ein Nacheinandergleiten anzunehmen ist, wobei die Grenze zwischen bereits abgeglittenen und noch nicht abgeglittenen Kristallbereichen durch die Versetzungslinie bezeichnet wird. In einem der folgenden Vorträge wird die Rolle der Versetzungsbewegung näher besprochen werden ([44] Anm. d. Herausg.).

Es ist bekannt, daß und warum dieser bedeutende Fortschritt in der Plastizitätsforschung nicht zu einem schnellen Durchsetzen der Versetzungstheorie führte: Es gelang zunächst nicht, das Entstehen einer hinreichenden Anzahl von Versetzungen zu erklären, und es fehlte auch ein unmittelbarer experimenteller Nachweis ihrer Existenz.

Als Beginn der nach dem 2. Weltkrieg erfolgenden stürmischen Entwicklung der Versetzungstheorie und damit auch der Plastizitätsforschung muß man wohl die Entdeckung der Frank-Read-Quellen ansehen, durch die zum ersten Mal ein Mechanismus aufgezeigt worden war, der gestattete, aus einer Versetzung eine große Anzahl weiterer zu erzeugen durch Anlegen einer Spannung etwa so groß wie oder sogar kleiner als die kritische Schubspannung.

Nachdem dadurch ein prinzipieller Einwand gegen die Versetzungstheorie entkräftet werden konnte, setzte eine umfangreiche experimentelle Arbeit ein, die auch bald zur Sichtbarmachung der Versetzungen führte (Abb. 5.8), wobei vor allem die Weiterentwicklung der elektronenmikroskopischen Methoden große Dienste leistete.

Es war jetzt z. T. möglich, den Elementarprozeß der plastischen Verformung, den Gleitvorgang, sozusagen visuell zu verfolgen.

Es zeigte sich, daß die lichtmikroskopisch beobachteten Gleitlinien genauer als Gleitbänder zu bezeichnen sind, die im Elektronenmikroskop in einzelne Gleitlinien aufgelöst werden, die in gewissen Bereichen die Verformung tatsächlich als Spuren von sehr wenigen und im Grenzfall wohl von einer einzigen betätigten Gleitebene anzusehen sind, und daß damit die Reuschsche Konzeption grundsätzlich bestätigt wird, wenn man sie um die von der Versetzungstheorie entwickelte Vorstellung des Nacheinandergleitens der Atome einer Ebene erweitert.

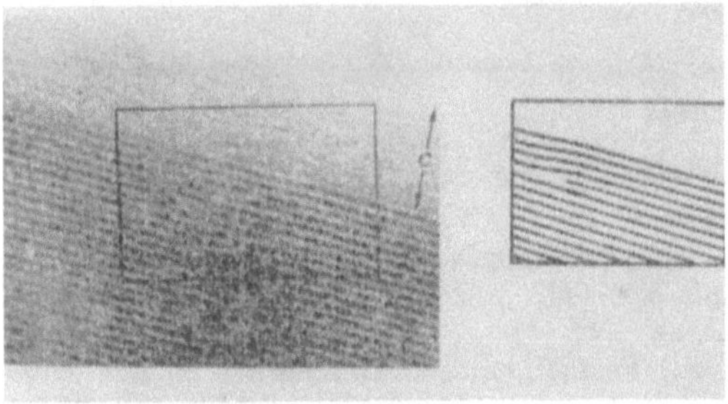

Abb. 5.8. Elektronenmikroskopischer Nachweis einer Stufenversetzung in einem Platin-Phthalocyanin-Kristall nach MENTER [43]. Zum leichteren Auffinden der in Abb. 5.7 postulierten eingeschobenen Halbebene ist die Netzebenenanordnung in einer Hilfsskizze erläutert

Die quantitative Diskussion vieler Einzelheiten zeigt freilich darüber hinaus, daß auch noch dieses Bild eine starke Idealisierung darstellt. Der Bewegungsvorgang im Gitter bei der plastischen Verformung spielt sich in Wirklichkeit zwar hauptsächlich, aber doch nicht so ausschließlich in einer Gleitebenenschar ab, wie es der Reuschschen Vorstellung entspricht. Im einzelnen haben sich eine ganze Reihe Möglichkeiten ergeben, den streng zweidimensionalen Vorgang nach Reusch auch in die dritte Gitterdimension übergreifen zu lassen. Ich erinnere nur an die Möglichkeit, daß eine Versetzung in eine parallele Nachbarebene klettert, um ein Hindernis zu überwinden, an die Betätigung von Nebengleitsystemen und an die Tatsache, daß auch Versetzungen, die nicht zu einem dieser Systeme gehören, an der Verformung Anteil haben können, so daß in beschränktem Maße das dreidimensionale Netz der Grundstruktur wirksam wird.

So darf ich mit der Feststellung schließen, daß sich die Reuschsche Gleitvorstellung in den 100 Jahren ihres Bestehens als außerordentlich fruchtbar erwiesen hat. Dabei erkennen wir aber heute zugleich ihre Anwendungsgrenzen, die sie infolge ihrer Idealisierung wie alle physikalischen Modelle besitzt.

Literaturverzeichnis

[1] Kepler, J.: Strena seu De Nive Sexangula. Cum Priuilegio S. Caes. Maiest. ad annos XV. Francofurti ad Moenum, apud Godefridum Tampach Anno M. D. C. XI
[2] Kepler, J.: a. a. O. [1]
[3] Seeber, L. A.: a. a. O. [4]
[4] Seeber, L. A.: Versuch einer Erklärung des inneren Baus fester Körper. (Gilberts) Annalen der Physik **76** (1824) 229, 349
[5] Laue, M. v., W. Friedrich, und P. Knipping: Sitzungsber. Bayr. Akad. Wiss., Math.-phys. Kl. (1912) 303, 363
[6] Born, M., und Th. v. Karman: Phys. Z. **13** (1912) 297
[7] Born, M.: Dynamik der Kristallgitter, Teubner 1915
[8] Schreibers, C. v.: Beyträge zur Geschichte und Kenntnis meteorischer Stein- und Metallmassen. Wien 1820
[9] Smith, C. S.: A History of Metallography. The University of Chicago Press, 2nd Impr. 1965
[10] Tresca, H.: C. R. Acad. Sci. Paris **59** (1864) 754
[11] Reusch, E.: Über eine besondere Gattung von Durchgängen im Steinsalz und Kalkspat. Annalen d. Physik und Chemie, hrsg. von J. C. Poggendorff **132** (1867) 441–451
[12] Poggendorff's biograph.-lit. Handwörterbuch, 3. Bd., Leipzig 1898
[13] Mitteilungen des Math.-Naturw. Vereins in Württemberg **5** (1892); Staatsanzeiger für Württemberg Nr. 172, S. 1211, Stuttgart 28. 7. 1891. (Für die bereitwillige Übermittlung beider Aufsätze bin ich Herrn Dr. W. Bayh vom Mineralogisch-Petrograph. Institut der Universität Tübingen sehr zu Dank verpflichtet.)

[14] REUSCH, E.: Pogg. (Wied.) Ann. Phys. **9** (1880)
[15] a. a. O. [12]
[16] REUSCH, E.: a. a. O. [11]
[17] MÜGGE, O.: Neues Jahrb. für Mineralogie. 1883, II. Bd., S. 13
[18] MÜGGE, O.: Neues Jahrb. für Mineralogie, 1889, I. Bd., S. 159
[19] MÜGGE, O.: Nachr. v. d. k. Ges. d. Wiss. zu Göttingen. (1899) H. 1
[20] MÜGGE, O.: Neues Jahrb. für Mineralogie. (1899) II. Bd., S. 55
[21] EWING, J. A., und W. ROSENHAIN: Phil. Trans. Roy. Soc. A **193** (1899) 353; **195** (1900) 279
[22] EWING, J. A.: u. a.: a. a. O. [21]
[23] EWING, J. A., u. a.: a. a. O. [21]
[24] EWING, J. A., u. a.: a. a. O. [21]
[25] VOIGT, W.: Ann. Phys. **60** (1919) S. 638
[26] SCHMID, E., und W. BOAS: Kristallplastizität, Berlin 1935
[27] GRIFFITH, A. A.: Phil. Trans. **221** A (1921) S. 163
[28] POLANYI, M., und E. SCHMID: Naturwiss. **17** (1929) S. 301
[29] OROWAN, E.: Z. Phys. **89** (1934) S. 605
[30] POLANYI, M.: Z. Phys. **89** (1934) S. 660
[31] TAYLOR, G. I.: Proc. Roy. Soc. (London) A **145** (1934) 363
[32] BURGERS, J. M.: Proc. Koninkl. Ned. Akad. Wetenschap. **42** (1939) 293, 378
[33] BECKER, R.: Z. Phys. **33** (1925) 185
[34] OROWAN, E.: a. a. O. [29]
[35] OROWAN, E.: a. a. O. [29]
[36] POLANYI, M.: a. a. O. [30]
[37] TAYLOR, G. J.: a. a. O. [31]
[38] POLANYI, M.: a. a. O. [30]
[39] PRANDTL, L.: Z. angew. Math. Mech. 8. (1928) 85
[40] DEHLINGER, U.: Metallwirtschaft **28** (1928) 1172
[41] POLANYI, M.: a. a. O. [28]
[42] TAYLOR, G. J.: a. a. O. [31]
[43] MENTER, J. W.: Proc. Royal Society of London A **236** (1956) 119—135
[44] PAUFLER, P.: Wiss. Z. d. TU Dresden **17** (1968) 793

6. Rekristallisation metallischer Werkstoffe[1][2]

Als wir uns vor einem Jahr entschlossen, unsere diesjährige Tagung unter das Hauptthema „Rekristallisation“ zu stellen, war dafür nicht nur der Wunsch maßgebend, wiederum einen Fragenkomplex zu wählen, der von wissenschaftlicher und praktischer Seite gleichermaßen von Bedeutung ist und daher die Möglichkeit bietet, durch Anwendung wissenschaftlicher Erkenntnisse praktische Fortschritte zu erzielen, sondern auch der innere Zusammenhang zwischen dem vorjährigen und diesjährigen Thema spielte dabei eine Rolle. Für diesen Zusammenhang kann die Tatsache als kennzeichnend angesehen werden, daß die erste klare Vorstellung über Gitterfehler vom Typ der im Vorjahr behandelten Versetzungen durch Dehlinger (1928) [1] entwickelt wurde, um eine Rekristallisationstheorie zu entwerfen. Dabei konnte er die Stabilität von Eigenspannungszuständen in Kristallgittern erklären, auf deren Abnahme mit wachsender Temperatur die Rekristallisation beruht.

Diese historische Reminiszenz legt wohl die Frage nahe, wie sich unsere Kenntnisse und Vorstellungen von der Rekristallisation überhaupt entwickelt haben. Sie dünkt mich um so interessanter, als es sich einerseits um einen Vorgang handelt, dessen technische Auswirkungen natürlich schon lange in Erscheinung treten, wie man Metalle warmbehandelt, während seine physikalische Deutung als Gitterneubildung andererseits erst endgültig gesichert werden konnte, nachdem Laue 1912 in den Raumgitterinterferenzen der Röntgenstrahlen ein mächtiges Werkzeug zur Aufklärung des Gitterbaues entdeckt hatte.

In der Tat lesen wir noch 1913 in einer Arbeit [2] mit dem Titel „Technologische Schlüsse aus der Kristallo-

---

1) Einführungsvortrag auf der 4. Gemeinschaftskonferenz „Metall“ am 1. 4. 1965 in Berlin-Adlershof

2) veröff. in „Rekristallisation metallischer Werkstoffe“, VEB Deutscher Verlag f. Grundstoffindustrie, Leipzig 1966, S. 7–9

graphie der Metalle" in der Zeitschrift des VDI die Klage, daß die Tatsache der Kristallinität der Metalle in der Technik noch nicht durchgedrungen sei; man finde z. B. noch oft genug in Patentschriften die Aufgabe behandelt, „ein Metall in seinem Erstarrungsgefüge mehr oder weniger unkristallinisch zu machen".

Soviel ich sehe — ich stütze mich dabei im wesentlichen auf eine Arbeit von J. Czochralski [3] aus dem Jahre 1927 —, gilt als älteste wissenschaftliche Beschreibung von Rekristallisationsvorgängen diejenige von A. F. Noguès aus dem Jahre 1858 [4]. Er beobachtete, daß ein Platinnetz nach tagelangem Glühen in einer reduzierenden Leuchtgasflamme nicht nur oberflächlich, sondern im ganzen Volumen so große Kristalle gebildet hatte, daß er würfelförmige und oktaedrische Kristallformen bestimmen konnte. Er führte diese Gefügeänderung auf den Temperatureinfluß zurück.

Man muß sich klarmachen, daß zu jener Zeit über die Frage, ob alle Metalle kristalline Struktur hätten, noch keine sichere, allgemein anerkannte Meinung bestand. Dies geht auch noch deutlich aus den über 20 Jahre später von S. Kalischer durchgeführten nächsten wesentlichen Arbeiten über Rekristallisation [5] hervor, wie einige Zitate zeigen werden. Sie sind 1881 und 1882 in der Deutschen Chemischen Gesellschaft vorgetragen worden. Die erste Arbeit war an Zink durchgeführt worden und überrascht uns durch das Ausmaß der quantitativen Angaben: Die Abnahme des elektrischen Widerstandes bei der Rekristallisation wird mit 3%, die Zunahme der Dichte mit 0,4% angegeben; als Temperatur des Beginns der Rekristallisation 130 bis 150 °C. Im einzelnen heißt es:

„Wenn gewalztes Zink auf eine höhere Temperatur erwärmt wird, so erleidet es eine Reihe bleibender Änderungen, ohne daß das äußere Ansehen unmittelbar ein anderes würde. Es verliert seinen hellen Klang und erweist sich als fast gänzlich klanglos wie Blei: es läßt sich leichter biegen, bricht aber auch leichter und gibt beim Biegen ein Geräusch, welches völlig dem „Schreien“ des Zinns gleicht. Alle diese Änderungen sind die Folge davon, daß das Zink unter dem Einfluß der Wärme seine Molekularstruktur ändert, daß es krystallinisch wird.“

Ferner erkennt Kalischer klar die technologische Bedeutung der Erscheinung:

„Vielleicht ist es nicht überflüssig, darauf hinzuweisen, daß die vorliegende Beobachtung möglicherweise auch für die Technik nicht ohne Bedeutung ist; denn da die Festigkeit des gewalzten Zinks sich mit der Umwandlung in den krystallinischen Zustand verringert und dieser durch Erwärmung herbeigeführt wird, so tritt unter Umständen die Aufgabe an die Technik heran, die Temperatur beim Walzen nicht zu hoch zu steigern.“

In der zweiten Arbeit werden die Untersuchungen auf über ein Dutzend technisch wichtiger Metalle einschließlich Legierungen ausgedehnt. Das Ergebnis faßt Kalischer selbst folgendermaßen zusammen:

„Ich glaube somit als Resultat der vorliegenden Untersuchungen aussprechen zu dürfen, daß der krystallische oder krystallinische der natürliche Zustand der meisten Metalle ist, der ihnen durch mechanische Einwirkung, den einen leicht, den anderen schwer, einigen vielleicht gar nicht genommen werden kann, und in den viele von ihnen unter Einfluß der Wärme wieder übergeführt werden können.“

Kalischer hat also trotz seiner bedeutsamen Erkenntnisse durchaus an der Möglichkeit festgehalten, daß der kristalline Zustand in Metallen durch Verformung zerstört werden könne — und diese Auffassung hatten noch 30 Jahre später ihre Vertreter —, obwohl der Mineraloge E. Reusch [6] bereits 1867 durch Beobachtungen an Steinsalz und Kalkspat zu der Vorstellung gelangt war, daß plastische Verformung und mechanische Zwillingsbildung durch Translationen und einfache Schiebungen vor sich gehen, also unter Aufrechterhaltung des Kristallgitters erfolgen, da dieses bei den genannten Operationen um ganze Gitter-Translationsperioden verschoben wird. Aber es war damals nicht selbstverständlich, diese Mechanismen auf Metalle zu übertragen, und so gilt trotz der Erweiterung der Reuschschen Vorstellung insbesondere durch O. Mügge eine 1899 vorgetragene Arbeit über „Die kristalline Struktur der Metalle" der englischen Forscher I. A. Ewing und W. Rosenhain [7] als die erste, in der die plastische Verformung der Metalle auf Gleitprozesse zurückgeführt wurde. Dort wird erklärt: „Die Verfasser meinen, die Tatsache festgestellt zu haben, daß die Struktur der Metalle kristallin ist, selbst unter Bedingungen, bei denen man Zerstörung des kristallinen Zustandes vermuten könnte... Die oft getroffene Unterscheidung zwischen kristallinen und nichtkristallinen Zuständen in Metallen erscheint unbegründet."

Die Bezeichnung „Rekristallisation" taucht zum ersten Mal 1885 in einer Arbeit des englischen Mineralogen H. C. Sorby [8] auf, der die Mikroskopie in die Metallforschung eingeführt hat (1864) und daher als einer der Begründer der Metallkunde gilt, aber erst gegen 1920 hat sie sich allgemein durchgesetzt, zweifellos im Zusammenhang mit der inzwischen gewonnenen Möglichkeit des röntgenographischen Nachweises des kristallinen Zustandes auch bei kleinster Korngröße. In dieser Zeitspanne sind mit vieler Mühe die verwickelten Zusammenhänge zwischen Korngröße, Glühtemperatur und -dauer und Verformungsgrad geklärt worden unter Beteiligung vieler englischer, französischer und deutscher Forscher, auf deren Anteil einzugehen hier nicht der Ort ist. Als Abschluß dieser Epoche darf man vielleicht die Aufstellung eines Rekristallisationsdiagrammes durch Czochralski (1916) [9] ansehen. Dieser Erfolg beruht in erster Linie darauf, daß man schließlich den entscheidenden Einfluß auch des Verformungsgrades erkannt hatte [10], [9].

Nachdem damit über den äußeren Ablauf der Rekristallisation grundsätzliche Klarheit herrschte, konnte die um diese Zeit entstehende Metallphysik daran gehen, nach den gitterphysikalischen Elementarprozessen der Erscheinungen zu fragen. Wie schon erwähnt, wurde bei einem frühen Versuch in dieser Richtung der Versetzungsbegriff zum ersten Male konzipiert. Im übrigen ist es aber nicht meine Aufgabe, über diese weitere Entwicklung zu sprechen, sondern darüber werden die heutigen und morgigen Vorträge unserer Tagung, zu denen wir nun übergehen wollen, ausführlich berichten.

Literaturverzeichnis

[1] DEHLINGER, U.: Metallwirtsch. **28** (1928) 1172
[2] v. MÖLLENDORFF, M., u. J. CZOCHRALSKI: Zeitschr. VDI **57** (1913) 931
[3] CZOCHRALSKI, J.: Zeitschr. f. Metallkunde **19** (1927) 316
[4] NOGUÈS, A. F.: Comptes rendus **47** (1958) 832
[5] KALISCHER, S.: Ber. d. Dt. Chem. Gesellschaft **14** (1881) 2747; Ebd. **15** (1882) 702
[6] REUSCH, E.: Pogg. Ann. **132** (1867) **441** (vgl. auch S. 61ff.)
[7] EWING, J. A., und W. ROSENHAIN: Phil. Trans. **A 193** (1900) 353 (vgl. Bem. auf S. 70! Anm. d. Herausg.)
[8] SORBY, H. C.: Berg- und Hüttenmänn. Ztg. 1885, 255
[9] CZOCHRALSKI, J.: Int. Zeitschr. f. Metallographie 8 (1916) 1
[10] CHAPELL: Ferrum **13** (1915/16) 6

7. Magnetismus[1][2]

Die Unterkommission Metallphysik veranstaltet seit einer Reihe von Jahren Konferenzen über wechselnde metallwissenschaftliche Themen, wie Ordnungszustände in Legierungen, Ausscheidungen, Grundlagen der Plastizität, Rekristallisation. Sie sollen in erster Linie dem schnellen Wirksamwerden neuer Forschungsergebnisse in der Praxis dienen.

---

[1]) Vortrag auf der Internationalen Konferenz Magnetismus, 5. Gemeinschaftskonferenz der Reihe „Metall“ am 13. 10. 1966 in Dresden

[2]) veröff. in „Magnetismus“, VEB Deutscher Verlag für Grundstoffindustrie, Leipzig 1967

Als Thema unserer diesjährigen Tagung wurde „Magnetismus“ gewählt; vor einer Reihe von Jahren hätte es fraglos „Ferromagnetismus“ geheißen. Diese Tatsache hat ihre Ursache sowohl in einer beträchtlichen Erweiterung unserer Erkenntnisse über magnetische Erscheinungen als auch in der zunehmenden technischen Bedeutung der neu gefundenen magnetischen Effekte.

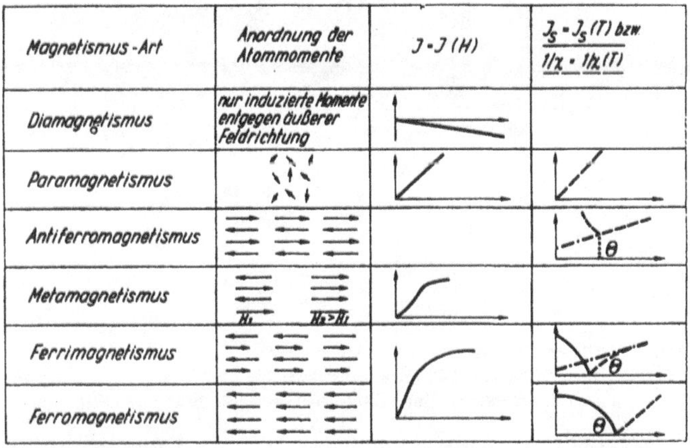

Abb. 7.1 Schematische Darstellung verschiedener Arten des Magnetismus

In Abb. 7.1 sind verschiedene Arten von Magnetismus mit ihren typischen Gesetzmäßigkeiten zusammengestellt, ohne Vollständigkeit anzustreben; z. B. sind nichtkollineare Momentanordnungen unberücksichtigt geblieben. Da viele Einzelheiten der Tabelle erst in jüngster Vergangenheit geklärt worden sind, konnte der Eindruck entstehen, die heutige Entwicklung erfolge mit vorher nie gekannter Geschwindigkeit. Dies trifft aber nicht zu, wie ein Blick auf die geschichtliche Entwicklung des Magnetismus zeigt, insbesondere auf die Zeit um 1820.

Vorher verlief die Entwicklung allerdings sehr langsam. Wie auf anderen Gebieten der Naturwissenschaften waren die im klassischen Altertum erzielten Erkenntnisse gering. Auch im ersten nachchristlichen Jahrtausend ändert sich daran kaum etwas, obwohl der Magnetkompaß in China schon vor diesem Zeitabschnitt bekannt war und in Europa wenigstens am Ende.

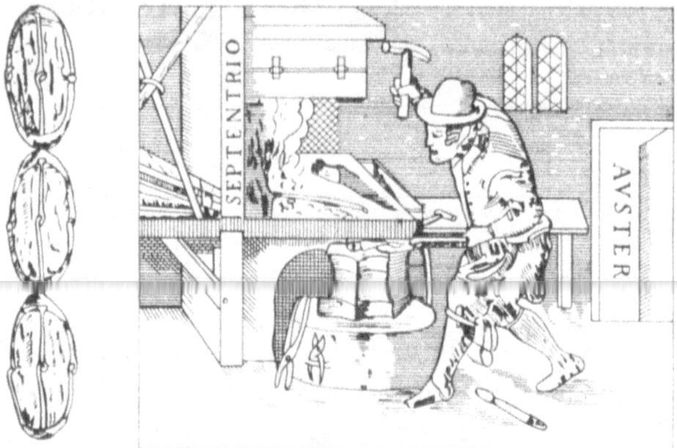

Abb. 7.2. Illustration aus GILBERTS „De magnete",
links: „armierte" Magneteisensteine;
rechts: Schmieden eines Eisenstabs in der Richtung des Erdfeldes

Das erste, in modernem Sinne wissenschaftliche Werk über den Magnetismus hat William Gilbert (1540 bis 1603), Leibarzt der Königin Elisabeth von England, unter dem Titel „De magnete" 1600 veröffentlicht (vgl. Abb. 7.2). Es knüpft einerseits an Petrus Peregrinus (de Mericourt) an, der an einem kugelförmigen Stück von Magneteisenstein zum ersten Male den Kraftlinienverlauf untersuchte und dabei magnetische Meridiane und Pole gefunden hatte (Epistola de magnete 1269), andererseits an den Zeitgenossen Robert Norman (The newe attractive, 1581; Inklination). Aber immer steht die eigene Beobachtung im Vordergrund. Daher kann hinsichtlich der empirisch induktiven Methode Gilberts Werk als bahnbrechend angesehen werden, zumal es auf Kepler, Galilei und Descartes stark eingewirkt hat.

Das 17. Jahrhundert möchte ich übergehen, aber aus dem 18. erwähne ich viererlei.

1. In der Herstellung von permanenten Magneten wurden erhebliche Fortschritte gemacht. Zu Beginn des Jahrhunderts war der natürliche Magneteisenstein noch der wertvollste magnetische Werkstoff; so wird 1711 ein Stück von halber Faustgröße mit 3000 engl. Pfund (auf heutige Kaufkraft umgerechnet) bezahlt. Ein besonders erfolgreicher Erzeuger künstlicher Magnete war Govin Knight (1713 bis 1772), der z. B. einen Magneten von 620 p Gewicht mit 14facher Tragkraft herstellte und aus seinen Magneten immer noch „ein erhebliches Einkommen bezog". Knight stellte übrigens auch schon Magnete aus Eisenoxid her.

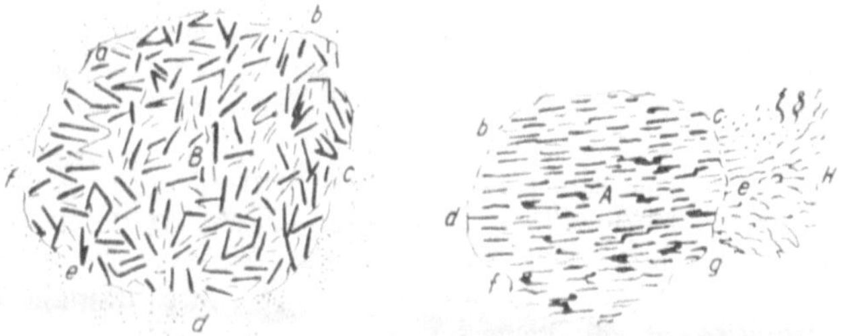

Abb. 7.3. „Wirbel" im Eisen nach SWEDENBORG, links: im unmagnetischen; rechts: im magnetischen Zustand

2. Abb. 7.3 zeigt eine schematische Zeichnung Emanuel Swedenborgs (1688 bis 1772) aus seinem 1734 veröffentlichten Werk „Principia rerum naturalum", welche die Anordnung der „Wirbel" in unmagnetisiertem und magnetisiertem Eisen darstellt und als erstaunliche Vorwegnahme moderner Vorstellung erscheint.

3. Anton Brugmans (1732 bis 1789) entdeckte 1778 an Wismut den Diamagnetismus; jedoch blieb die Entdeckung praktisch unbeachtet, weil sie nicht in die Zeit paßte.

4. Umgekehrt entsprach die Aufstellung eines Gesetzes für magnetische Kräfte in Analogie zum Gravitationsgesetz dem Zeitgeist. Charles Auguste de Coulomb (1736 bis 1806) hat es mittels seiner Torsionswaage 1785 quantitativ bestätigt, aber es war in der Zeit von 1750 bis 1766 schon mindestens dreimal unabhängig voneinander auf weniger gesicherter Grundlage veröffentlicht worden.

Um die Jahrhundertwende vom 18. zum 19. Jahrhundert wurde des öfteren über einen Zusammenhang zwischen Magnetismus und Elektrizität spekuliert. Auch der dänische Physiker Christian Oersted (1777 bis 1851) veröffentlichte 1812 solche Vermutungen auf Grund seines Glaubens an die Einheit der Natur. Aber erst im April 1820 fand er in einem improvisierten Vorlesungsexperiment die ablenkende Wirkung eines elektrischen Stromes auf eine Magnetnadel. Obwohl er sich der Tragweite sofort bewußt war, dauerte es bis Anfang Juli, bevor er die Erscheinung gründlich untersuchen konnte. Aber schon am 21. Juli versandte er eine 4seitige lateinische Abhandlung über seine Entdeckung an alle damals maßgeblichen Physiker und Zeitschriften.

Damit wurde eine Entwicklung eingeleitet, deren Tempo uns schon allein aus äußeren Gründen erstaunlich erscheint: Wie beneidenswert kurz muß damals die Drucklegungszeit gewesen sein! Auch die Post ging viel schneller, als wir uns vorstellen. Zelter schreibt z. B. 1831 an Goethe, daß dessen Briefe ihn „ziemlich regelmäßig nach 36 Stunden“ in Berlin erreichten.

Die Oerstedschen Versuche wurden eine knappe Woche später, am 27. Juli, durch Auguste de la Rive (1801 bis 1873) auf einer Naturforschertagung in Genf vorgeführt. Dort sah sie Dominique François Arago (1786 bis 1853), wiederholte sie gemeinsam mit Joseph Louis Gay-Lussac (1778 bis 1850) und fand dabei die Magnetisierung eines Eisenkernes in einer stromdurchflossenen Spule, ohne jedoch die Möglichkeit zur Herstellung von Elektromagneten auszunutzen. Diese wurde erst 1825 von William Sturgeon (1783 bis 1850) angegeben.

Am 1. September 1820 sprach Arago in der Pariser Akademie und erregte damit ganz besonders die Aufmerksamkeit des damals schon 45jährigen André Marie Ampère (1775 bis 1836), eines an E. T. A. Hoffmann erinnernden Gelehrtentyps ausgesprochen romantischer Prägung, der der Akademie seit 1814 als Mathematiker angehörte. Fast in jeder Sitzung, also wöchentlich am 18. September, 25. September usf. bis November, berichtet Ampère über neue Versuche; z. B. erkennt er die magnetische Wirkung eines Solenoids, erfindet das astatische Nadelpaar, erklärt die Ablenkungsrichtungen durch seine berühmte Schwimmerregel und konzipiert bis Jahresende seine Molekularstromvorstellung.

Aber auch viele andere Forscher stürzten sich auf das neue Gebiet. Schon am 30. Oktober trägt Jean Baptiste Biot (1774 bis 1862) das gemeinsam mit Felix Savart (1791 bis 1841) gefundene Kraftgesetz in der Pariser Akademie vor.

1822 wurde Ampère durch Untersuchungen der Rotationserscheinungen an zwei Stromkreisen auf sein Grundgesetz der Elektrodynamik geführt, so daß deren Grundlagen in 2 Jahren geschaffen worden waren. Für die zuletzt erwähnten experimentellen Untersuchungen war eine Arbeit (1821) von Michael Faraday (1791 bis 1867) wesentlich, der durch die Entdeckung der Induktion später (1831) den Kreis der Wechselwirkungen zwischen magnetischen und elektrischen Feldern schloß.

Nach dieser lawinenartigen Entwicklung wurde der Zuwachs an Erkenntnissen auf unserem Gebiet wieder langsamer. In den Jahren von 1845 an zeigte Faraday, daß alle Stoffe magnetische Eigenschaften — diamagnetische und paramagnetische — besitzen. Der Diamagnetismus wurde 1852 von Wilhelm Weber (1804 bis 1891) auf Grund der Ampèreschen Molekularstromvorstellung gedeutet, der Paramagnetismus von Pierre Curie (1859 bis 1906) näher untersucht (Curiesches Gesetz 1895) und 10 Jahre später von Paul Langevin (1872 bis 1946) phänomenologisch berechnet. Dem schloß sich

1907 die phänomenologische Theorie des Ferromagnetismus von Pierre Ernest Weiss (1865 bis 1940) an.

In dem nun einsetzenden Streben nach atomistischer Erklärung der magnetischen Erscheinungen stehen wir noch mitten darin, und unsere Konferenz soll zur Vermittlung der Kenntnis des heutigen Standes beitragen.

Dabei gehen unsere Vorträge von den quantenmechanischen Grundlagen des Magnetismus aus und gelangen über experimentelle physikalische Untersuchungen bis zu Fragestellungen von unmittelbar technischer Bedeutung: ein beredter Ausdruck für die engen Wechselbeziehungen über diese ganze Skala hinweg, die gerade auf diesem Teilgebiet der Metallphysik schon bestehen. Angesichts der Breite des Spektrums hoffen wir, allen Tagungsteilnehmern Interessantes zu bieten.

Literaturverzeichnis

HOPPE, E.: Geschichte der Physik, Braunschweig 1926

v. LAUE, M.: Geschichte der Physik, Bonn 1950

SMITH, C. S.: A History of Metallography, Chicago and London 1965

DA ANDRADE, C. E. N.: Zur Frühgeschichte der Dauermagneten, Endeavour 17 (1958) 22–30

8. Magnetische Eigenschaften von Festkörpern[1][2]

Wenn auch bei dieser 2. Tagung „Magnetismus" die im Laufe der zehn Metalltagungen entstandene Tradition fortgeführt werden soll, in der Einführung ein paar Worte über die historische Entwicklung des auf dem Programm stehenden Themenkomplexes zu sagen, so bietet sich bei der gewünschten Vermeidung von Wieder-

[1]) Einführungsvortrag auf der 10. Metalltagung in der DDR am 8. 4. 74 in Dresden.

[2]) Veröff. in „Magnetische Eigenschaften von Festkörpern", VEB Deutscher Verlag für Grundstoffindustrie, Leipzig 1975, S. 11–18.

holungen des bei der 1. Tagung „Magnetismus" bezüglich des Gesamtgebietes Ausgeführten [1] eine etwas eingehendere Darstellung eines *Teil*gebietes an. Da im Verlauf der Tagung mehrfach von Dauermagneten und Dauermagnetwerkstoffen gesprochen wird, sollen einleitend einige Bemerkungen zur Geschichte der Dauermagnete gemacht werden, wobei wir uns auf die Zeit beschränken, bevor die Magnetisierung mittels elektrischen Stroms bekannt war, d. h. bis vor etwa 150 Jahren.

Eine der ältesten Anwendungen von Dauermagneten ist natürlich die stets in die gleiche Himmelsrichtung weisende Magnetnadel. Als ältester eindeutiger Beleg für ihre Kenntnis gilt heute das Buch Meng Chhi Pi Than des Shen Kua aus dem Jahre 1086; dort heißt es (nach [2]): „Magier reiben eine Nadelspitze mit einem Magnetstein, dann zeigt diese Spitze nach Süden, aber sie weicht immer etwas nach Osten ab." Es gilt aber als sehr wahrscheinlich, daß die Chinesen die Kompaßnadel schon im 7. oder 8. Jahrhundert benutzten. Auf diese Zeit datiert man auch den Übergang vom Magnetstein zur Stahlnadel, also die Kenntnis der Magnetisierbarkeit von Stahl. Die im Zitat erwähnte Deklination dürfte gleichfalls schon im 8. oder 9. Jahrhundert bekannt gewesen sein. Die Chinesen verwandten die Magnetnadel aber zunächst ausschließlich für terrestrische Zwecke und in der Schiffahrt erst kurz vor der Zeit, als der Kompaß in Europa als Navigationsinstrument auftauchte (Ende des 12. Jahrhunderts). (Übrigens ist man von der Annahme abgekommen, daß die Schiffahrt auf offener See den Kompaß voraussetzte.)

Für die Entwicklung des Kompaß in China war die schon in dem Buch Lun Hêng (1. Jahrhundert) nachgewiesene Verwendung von ausbalancierten Löffeln aus Magnetstein zum Wahrsagen und für geomantische Zwecke von größter Bedeutung. Hierbei galt es als eine Hauptaufgabe, die Lage von Wohnungen und Gräbern so festzulegen, daß eine möglichst gute Harmonisierung mit den lokalen Strömungen des Weltodems erreicht wurde.

Abb. 8.1 zeigt ein Wahrsagebrett aus dem 1. Jahrhundert, das zu Prophezeiungen aus der Lage darauf geworfener Gegenstände diente; dabei mußten verständlicherweise magnetische Löffel eine besondere Rolle spielen.

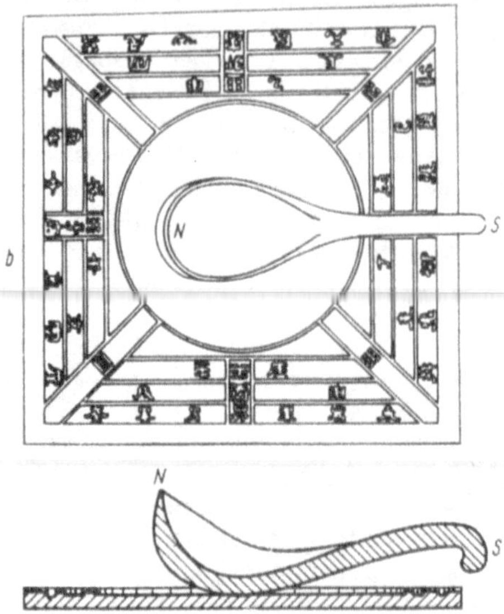

Abb. 8.1. Wahrsage-Brett mit ausbalanciertem Löffel aus Magneteisenstein, Han-Dynastie, 1. Jahrh. (nach BERNAL [3])

Wer die Geschichte des Magnetismus in China kennt, wird erwarten, daß das umstrittene Problem der magnetischen Wagen wenigstens erwähnt wird. Schon die Legende berichtet vom Einsatz eines solchen Fahrzeugs durch Kaiser Huang-Ti (2634 v. d. Z.) im Kampf gegen einen aufständischen Fürsten. Obwohl dieser das Schlachtfeld eingenebelt hatte, führte der magnetische Wagen die kaiserlichen Truppen den richtigen Weg und damit zum Siege.

Auch aus geschichtlicher Zeit gibt es entsprechende

Berichte. Abb. 8.2 zeigt einen „magnetischen“ Wagen aus dem 3. Jahrhundert. Allerdings haben diese sogenannten magnetischen Wagen nach Darstellung von J. Needham [2], einem der bekanntesten europäischen

Abb. 8.2. Sogenannter magnetischer Wagen, 3. Jahrh. v. u. Z. (nach HOANG TSCHANG-FONG [4])

Sachkenner unserer Zeit, gar keine magnetische Grundlage. Vielmehr führt jede Richtungsänderung des Fahrzeuges auf rein mechanischem Wege zu einer entgegengesetzt-gleichgroßen Drehung der richtungsweisenden Figur gegenüber dem Wagen, so daß sie stets in die gleiche

Richtung zeigt. Ohne Kommentar sei dieser Auffassung ein Zitat aus der Darlegung eines heutigen chinesischen Naturwissenschaftlers, Hoang Tschang-Fong [4], gegenübergestellt, das sich freilich auf das 5. Jahrhundert bezieht, eine Zeit also, in der, wie bereits ausgeführt, bedeutende magnetische Kenntnisse vorlagen. Dort heißt es von den magnetischen Wagen: „Dies waren zweirädrige Wagen; vor dem Sitz war eine um einen Drehpunkt bewegliche kleine Statue mit ausgestrecktem Arm angebracht. Eine kleine Magnetstange befand sich in diesem Arm, der deshalb immer nach Süden wies."

In Europa ist der Kompaß zuerst im Jahre 1187, also 100 Jahre nach Shen Kua, von dem Engländer A. Neckam in seinen Werken „De utensilibus" und „De naturis rerum" [5] besprochen worden, und zwar als Nadel, die auf einem Stift schwingt. Ungefähr gleichzeitig (im Jahre 1203) beschreibt der französische Troubadour G. De Provins in seinem satirischen Gedicht „La Bible" [6] auch die andere Form des Kompaß, nämlich eine Nadel, die nach Bestreichen mit einem „dunkelfarbigen Stein" stets zum Nordstern zeigt, wenn man sie, auf einem Strohhalm liegend, im Wasser schwimmen läßt. Ebenso wird diese Form von dem Kreuzfahrer P. de Méricourt (1269) in seiner berühmten Epistola de Magnete [7] behandelt. Ob der Kompaß aus China übernommen oder in Europa unabhängig erfunden wurde, ist unklar, ganz abgesehen von arabischen Prioritätsansprüchen, die aber wohl nicht berechtigt sind. Es gibt auch in einer nordeuropäischen Saga aus dem 12. oder 13. Jahrhundert Hinweise auf die Kenntnis des Kompaß.

Es mögen noch einige Bemerkungen zur Herstellung von Dauermagneten allgemein folgen. Trotz der großen Bedeutung des Materialproblems in diesem Zusammenhang findet man darüber in der älteren Literatur so gut wie nichts, obwohl man doch sowohl in Europa als auch im fernen Osten bei der Waffenherstellung große Kenntnisse in der Eisen- und Stahlerzeugung und -verarbeitung bewiesen hat (vgl. z. B. [8]), also den Einfluß sehr wohl kannte, den Zusammensetzung und Behandlung von Eisenlegierungen auf deren Eigenschaften besitzen. Auch in dem grundlegenden Werk „De Magnete" (1600) von W. Gilbert [9] heißt es nur kurz, daß die Art des verwendeten Eisens sehr wichtig sei. Der Grund für dieses Verhalten liegt wahrscheinlich in dem Bestreben, die mühsam erworbenen Kenntnisse und Fertigkeiten nicht der Konkurrenz preiszugeben.

Gilbert kannte drei Arten der Magnetisierung: 1. Bestreichen des zu magnetisierenden Stahls mit Magneteisenstein, 2. Schmieden eines Eisenstückes (vgl. Abb. 7.2) bzw. Ziehen eines Drahts in Nord—Süd-Richtung, 3. Magnetisierung durch das Erdfeld ohne mechanische Bearbeitung entweder durch genügend lange Einwirkung z. B. auf senkrecht stehende Eisenstangen (die Inklination beträgt in London etwa 70°) oder beim Abkühlen von Rotglut. Ersteres war an lange Zeit eingebaut gewesenen Eisenstangen, z. B. auf Kirchendächern oder in Fenstergittern, beobachtet worden, während letzteres besonders an stehend aufbewahrten Schürstangen und Feuerzeugen aufgefallen war. Trotzdem blieben damals die Magneteisensteine die stärksten Magnete, deren Anziehungskraft man noch durch Armieren zu steigern verstand.

Als Maß für die „Stärke" gab man das Verhältnis „getragenes Gewicht : Eigengewicht des Magneten" an, das natürlich mit dem Massenverhältnis übereinstimmt. Dieser Quotient wächst bei geometrisch ähnlichen Magneten mit abnehmender Größe, und es wird berichtet, daß Newton einen als Fingerring gefaßten Magneten besaß, der das 250fache seiner Eigenmasse zu tragen vermochte; aber das ergab doch nur einen kleinen Absolutbetrag (50 g)!

Leistungsfähigere Magneten herzustellen gelang erst nach über 100 Jahren.

Als erster hat S. Savery (1730) [10] den Ausgangsmagneten übertreffende Magneten beschrieben in Form von Bündeln sechseckigen Querschnitts, die aus 37 gehärteten

Stahldrähten von 1,5 mm Durchmesser und 7 cm Länge bestanden und mit Polschuhen versehen waren. (Bündel von Drähten wurden benutzt, weil beim Magnetisieren durch Streichen mit einem Magneten nur geringe Probenstärken über den ganzen Querschnitt magnetisiert wer-

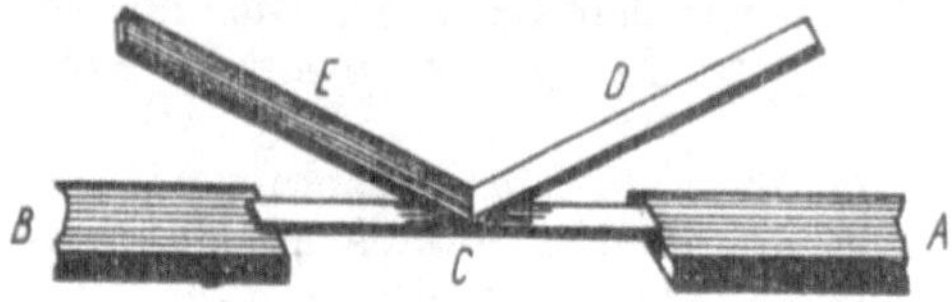

Abb. 8.3. Magnetisierungsverfahren des „geteilten Striches" nach G. ADAM [11]. Es soll auch von G. KNIGHT angewandt worden sein. Die zu magnetisierende Probe C liegt zwischen den ungleichnamigen Polen zweier Stabmagnete A und B. Zwei weitere D und E werden mit entgegengesetzten Polen auf die Probe gesetzt und auf ihr auseinandergezogen.

den konnten.) Zwei solcher Verbundmagnete verwendete Savery zur Magnetisierung von Eisendrähten nach der Methode des „geteilten Strichs". Dieses von ihm erfundene, in Abb. 8.3 dargestellte Verfahren wurde von Du Hamel vervollkommnet und soll auch von G. Knight benutzt worden sein. Für dickere Proben wurde ein sogenanntes „Doppelstrich"-Verfahren angewandt, als dessen Erfinder der Mecklenburger F. U. T. Aepinus (1750) [12]

——→

Abb. 8.4. CANTONS „Methode zur Herstellung künstlicher Magnete ohne Gebrauch natürlicher, diesen jedoch überlegen" [13]. Fig. 1 (ganz links) zeigt die Magnetisierung eines Stahlstabes, der an eine Schürstange gelegt ist und mit einer Feuerzange gestrichen wird. Von 6 so magnetisierten Stäben werden 2 unter Heranziehung zweier kürzerer Weicheisenstücke zu einem Rechteck mit geschlossenem magnetischen Fluß zusammengelegt (Fig. 2). Die 4 übrigen Stahlstäbe dienen zur weiteren Magnetisierung der 2 langen Rechteckschenkel, indem sie gleichpolig paarweise zusammengelegt werden. Dann stellt man diese Paare mit ungleichnamigen Pol auf einen der Schenkel, wobei sich die Pole ihrer anderen Enden berühren (vgl. Fig. 3), und bewegt sie auf ihm in dieser Stellung mehrmals hin und her. Die Prozedur wird auf alle 6 Stäbe ausgedehnt und auf Hartstahl-Stäbe erweitert, wovon die übrigen Teilfiguren handeln.

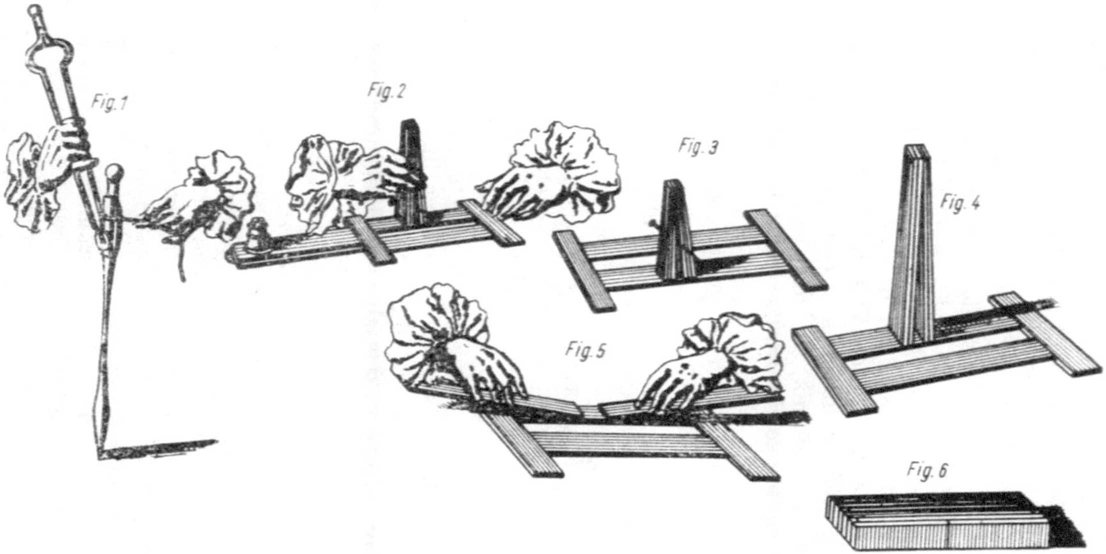
Fig. 1
Fig. 2
Fig. 3
Fig. 4
Fig. 5
Fig. 6

gilt. Abb. 8.4 zeigt es nach einer Arbeit von J. Canton (1750) [13], der übrigens magnetisch gewordene Feuerzeuge oder dergleichen als Primärmagnete gebrauchte. Beide Methoden wurden in vielen Varianten benutzt. Der erste Hufeisenmagnet ist im Jahre 1743 von dem Baseler Mechaniker J. Dietrich angefertigt worden nach dem Vorschlag des Physikers der berühmten Bernoulli-Dynastie, Daniel Bernoulli, des Vaters der Bernoullischen Gleichung. (Er war übrigens zu jener Zeit Professor der Anatomie und Botanik, nachdem er in der Medizin promoviert hatte sowie an der Petersburger Akademie als Mathematiker tätig gewesen war, und übernahm im Jahre 1750 die Baseler Physikprofessur!) Die Herstellung von Magneten wurde damals so vielfach untersucht, daß schon im Jahr 1750 eine Monographie darüber von J. Michell [14] erscheinen konnte.

Der erfolgreichste und in ganz Europa bekannte Hersteller von Magneten im 18. Jahrhundert war der Engländer G. Knight. Leider hütete er seine Geheimnisse sehr besorgt selbst bei seinen Vorführungen vor der Royal Society [15]. Daher erfuhr man über seine Arbeitsweise erst nach seinem Tode etwas durch Veröffentlichungen von anderer Seite, u. a. auch über die Herstellung seiner Oxidmagnete [16], vor allem aber über sein berühmtes Magazin, das alles bis dahin und auch in der nächsten Folgezeit Dagewesene übertraf: Auch die stärksten der anderen natürlichen und künstlichen Magnete konnten mit diesem Apparat ummagnetisiert werden! Knigths Erbe Fothergill hat das Gerät der Royal Society geschenkt und bei der Überreichung beschrieben [17].

Abb. 8.5, eine Reproduktion aus der Fothergillschen Veröffentlichung, zeigt die beiden gleichartigen Teile der Apparatur, je zur Hälfte dargestellt; zwischen ihnen befindet sich die zu magnetisierende Probe K. Jeder der beiden Magnete ist ein Verbundmagnet aus 240 Stäben von etwa 38 cm Länge und 2,5 × 1,25 cm Querschnitt, die in 4 aneinander gefügten Bündeln von 6 × 10 Stäben angeordnet sind. Über das Magnetisierungsverfahren wird nur gesagt, die Stäbe seien durch „wiederholtes Reiben imprägniert" worden. Da jeder Verbundmagnet rund 250 kg Masse besaß, mußte die Aufstellung mit der Justiermöglichkeit für die Nord—Süd-Richtung sehr stabil ausgeführt sein, überdies war sie des guten Eindrucks wegen aus Mahagoniholz hergestellt.

Zumindest einen Teil seiner Erfolge verdankt Knight der außerordentlichen Sorgfalt, mit der ein möglichst

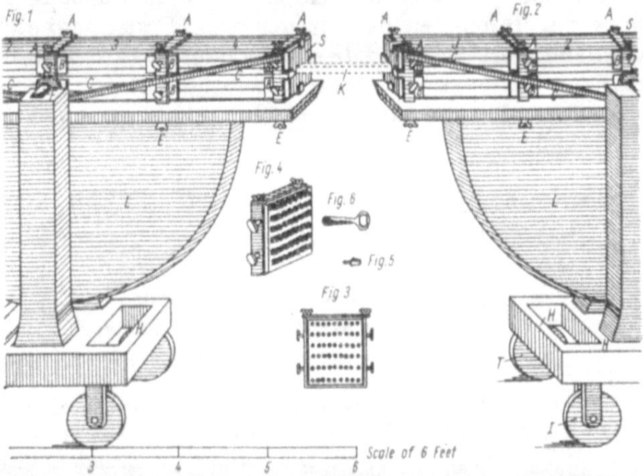

Abb. 8.5. G. Knights magnetisches Magazin nach der Beschreibung von J. Fothergill [17]. Die Nebenfiguren 3—6 zeigen Vorrichtungen, die sich an den nicht dargestellten Enden der Magnete befinden und zum unabhängigen Aneinanderpressen von jeweils 4 Stäben in der Längsrichtung dienen

luftspaltfreier Kontakt der einzelnen Magnete verwirklicht wurde; z. B. war es durch die (in den Nebenfiguren zu sehenden) Einrichtungen möglich, die 4 Stäbe jedes der 60 Magnete unabhängig von denen der anderen 59 Magnete mit ihren Stirnflächen aneinander zu pressen. Dies war um so wichtiger, als geringe Abmessungsunterschiede zwischen den einzelnen Stäben nach dem

Härten unvermeidbar waren. Auf Einzelheiten kann hier natürlich nicht eingegangen werden.

Das Knightsche Magazin wurde im Jahre 1831 – allerdings durch Brand teilbeschädigt und als Hufeisenmagnet umgebaut – von Faraday zu seinen Versuchen über magnetisch-elektrische Wechselwirkungen benutzt.

Damit ist die oben genannte Entwicklungsetappe der Dauermagnete zu Ende, denn schon im Jahre 1825 hatte W. Sturgeon [18] den Elektromagneten mit Eisenkern angegeben, durch den das Interesse an Dauermagneten stark gemindert wurde. Über die moderne Entwicklung von Dauermagneten, an denen die heutige Technik wieder großen Bedarf hat, werden einige der nachfolgenden Vorträge berichten.

Literaturverzeichnis

[1] Schulze, G. E. R.: vgl. S. 86 in diesem Bande

[2] Needham, J.: Science and Civilisation in China, 4 Bände. Cambridge, University Press ab 1954; insbes. Bd. IV (1962), S. 1

[3] Bernal, J. D.: Die Wissenschaft in der Geschichte. VEB Deutscher Verlag der Wissenschaften, Berlin 1961, S. 237

[4] Hoang Tschang-Fong, in: Die berühmten Erfinder, Physiker und Ingenieure (Herausg. L. Leprince-Ringuet). Aulis Verlag Deubner u. Co. KG., Köln 1951, S. 23–26

[5] Neckam, A.: Libri II de naturis rerum. Nachdruck (Herausg. Wright), London 1863.

[6] Gehler, J. S. T.: Abdruck des betreffenden Abschn. des Gedichts in: Physikalisches Wörterbuch, Bd. 6.2. Leipzig 1836, S. 952

[7] Peregrinus, P.: Nachdruck des Erstdruckes (1538) des Briefes von 1269 in: Neudrucke von Schriften und Karten über Meteorologie und Erdmagnetismus, Nr. 10 Rara magnetica (Herausg. G. Hellmann), Berlin 1898

[8] Singer, C., u. a.: A. History of Technology, 4 Bände. Clarendon Press, Oxford 1954/1958

[9] Gilbert, W.: De magnete, Faksimile-Ausgabe. Berlin 1892

[10] SAVERY, S.: Phil. Transact. roy. Soc. London **36** (1730) 295
[11] ADAMS, G.: Lectures on Natural and Experimental Philosophy, Bd. IV (1794) 449
[12] AEPINUS, F. U. T.: Acta Acad. Moguntinae **2** (1759) 255
[13] CANTON, J.: Phil. Trans. roy. Soc. London **47** (1751/52) 31
[14] MICHELL, J.: Treatise on Artificial Magnets. London 1750
[15] KNIGHT, G.: Phil. Trans. roy. Soc. London **43** (1744) 161; **44** (1747) 656
[16] WILSON, B.: Phil. Trans. roy. Soc. London **69** (1779) 51
[17] FOTHERGILL, J.: Phil. Trans. roy. Soc. London **66** (1776) 591
[18] STURGEON, W.: Trans. Soc. for. the Encouragement of Arts, Manufactures and Commerce **43** (1826) 37

9. Kristallisation[1][2]

Die Bezeichnung unserer diesjährigen Konferenz „Kristallisation metallischer Werkstoffe" ist insofern nicht eindeutig, als darunter nach üblichen Sprachgebrauch sowohl der Ablauf des Kristallisations*vorganges* als auch der auf Grund dieses Vorganges entstehende *Zustand* des kristallinen Gefüges eines metallischen Werkstoffes verstanden werden kann. Wie Sie aus dem vorliegenden Programm ersehen, werden beide Fragenkomplexe behandelt, und zwar nicht nur wegen ihres angedeuteten inneren Zusammenhanges, sondern auch weil heute beide technische Bedeutung haben und es immer das Anliegen unserer Konferenzen ist, zu einer schnellen Nutzbarmachung wissenschaftlicher Erkenntnisse in der Technik beizutragen.

Ich darf in diesem Zusammenhang daran erinnern, daß nicht nur die Herstellung von Einkristallen mit ganz bestimmten Eigenschaften in der Halbleitertechnik ein sehr aktuelles Problem ist, sondern daß in den Verbund-

[1]) Vortrag auf der 6. Gemeinschaftskonferenz der Reihe „Metall" am 28. 3. 1968 in Berlin

[2]) veröff. in „Kristallisation", VEB Deutscher Verlag für Grundstoffindustrie, Leipzig 1969, 7–11

werkstoffen Probleme hinsichtlich der Erzeugung eines bestimmten Gefüges auftreten, die vielfach umfangreicher sind als die entsprechenden bei den herkömmlichen Verbundstoffen, den heterogenen Legierungen. Dabei muß man sogar zugeben, daß auch bei letzteren die Möglichkeiten, ihre Eigenschaften durch symmetrische Ausnutzung des Einflusses der kristallinen Gefügestruktur auf Bestwerte zu steigern, noch keineswegs ausgeschöpft sind.

Wenn man sich angesichts der seit Jahrhunderten intensiven Bemühungen, bestmögliche Legierungen herzustellen, über diese Tatsache wundert und nach ihrer Ursache fragt, so wird man auf den Umstand geführt, daß die Erkenntnis vom kristallinen Aufbau der Metalle verhältnismäßig jung ist und sich nur sehr allmählich allgemein durchgesetzt hat. Ich habe davon schon in meiner Einführung zu unserer Rekristallisationskonferenz 1965 unter einem durch das damalige Thema bedingten speziellen Aspekt gesprochen [1], und es erscheint mir interessant, hier in aller Kürze diese Situation etwas allgemeiner darzustellen.

Zum Nachweis des kristallinen Aufbaues eines Stoffes gibt es im wesentlichen drei Methoden, nämlich den Nachweis von

1. Interferenzen am Kristallgitter mittels einer geeigneten Strahlung,
2. Anisotropie seiner Eigenschaften und
3. regelmäßigen Begrenzungsflächen.

Die erste Methode wurde bekanntlich 1912 durch von Laue geschaffen und überzeugte die letzten Zweifler vom kristallinen Aufbau aller Metalle unter allen Bedingungen, z. B. auch im verformten Zustand. Für die Zeit davor standen nur die zweite und dritte Methode zur Verfügung, die aber beide das Vorhandensein von Einkristallen erforderten. Für die zweite müssen sie lineare Abmessungen von mindestens 1 mm bis 1 cm haben, für die dritte genügt bei sehr guter Flächenausbildung etwas weniger.

Da die Züchtung von Metall-Einkristallen erst um 1920 einsetzte (eben nachdem gesichert war, daß jedes Metall kristallin sei) und da im technisch erzeugten polykristallinen Metall Kristallite der genannten Größe im allgemeinen nicht auftreten, standen für die vor der Laueschen Entdeckung allein verfügbaren Methoden 2 und 3 nur die von der Natur gelieferten Einkristalle zur Verfügung. Wie ist es damit bestellt?

Nur etwa ein Fünftel der metallischen Elemente kommt in der Natur im elementaren Zustand vor (nämlich die ausgesprochen edlen, wie Platin, Iridium, Osmium, Palladium, Nickel, Gold, Silber, Kupfer, aber auch z. B. Blei, Zinn, Quecksilber, Wismut, Antimon, Eisen). Man kann also von vornherein höchstens von diesen natürliche Einkristalle erwarten und muß noch damit rechnen, daß es sich meist nicht um die *reinen* Elemente, sondern um Mischkristalle handelt. Von einigen in der Natur als Einkristalle vorkommenden intermetallischen Verbindungen soll nicht weiter gesprochen werden. Ich zeige hier drei Aufnahmen (Abb. 9.1) von natürlichen Metallkristallen von Silber, Kupfer und Antimon. Wenn man sie zum ersten Mal sieht, ist man enttäuscht. Hat man sie aber aus einer großen Menge von verfügbarem Sammlungsmaterial herausgesucht, so findet man diese Exemplare besonders schön.

Angesichts der wenigen und kaum auffallenden Metallkristalle in der Natur und des ganz indifferenten Eindruckes eines technischen Stückes Metall fragt man sich, auf welche Weise manche Forscher des 19. Jahrhunderts und sogar noch früherer Zeit zu der Überzeugung gelangt sind, daß jedes Metall im festen Zustand unter allen Bedingungen kristallin aufgebaut ist. Diese Auffassung hat sich allerdings nur nach äußerst langwierigen und teilweise sehr heftigen Diskussionen durchgesetzt, wobei eben die umstrittene Frage immer die war, ob ein Metall unter besonderen Bedingungen (z. B. nach Verformung) auch in einem nichtkristallinen Zustand existieren könne.

Mit absoluter Klarheit haben erst J. A. Ewing und W. Rosenhain [2] 1899 aus ihren mikroskopischen Untersuchungen von Gleitlinien an polykristallinen Metallproben die Folgerung gezogen: „Die Struktur der Metalle

Abb. 9.1. Natürliche Kristalle von Metallen

a) Silber, b) Kupfer, c) Antimon (Fotos: Deutsche Fotothek)

b)

c)

ist allgemein kristallin und bleibt kristallin, wenn die Form des Metalles durch Verformung geändert wird.“

Entscheidend für den etwas problematischen Schluß, daß die im Mikroskop sichtbaren Körner Einkristalle seien, war in diesem Fall das Auftreten paralleler Gleitlinienscharen innerhalb eines Kornes. Hier wird das Problem erkennbar, das offenbar eines der größten Hindernisse auf dem Wege zur Erkenntnis des polykristallinen Aufbaues der Metalle war: Das sichtbare Korn des Metalles ist in der Regel ein Einkristall, obwohl es nicht dessen regelmäßige Flächenbegrenzung aufweist. Ich werde darauf noch zurückkommen.

Mikroskopische Untersuchungen an Metallen wurden natürlich vom Anbeginn der Mikroskopie durchgeführt, wenn deren Hauptdomäne auch die biologisch-medizinischen Wissenschaften waren. Schon in dem großen Sammelwerk Micrographia, das R. Hooke [3] 1665 in London veröffentlicht hat (Abb. 9.2 zeigt sein Mikroskop), sind metallische Objekte vertreten, auch Newton führte mikroskopische Untersuchungen an Metallen durch, und es sei nur erwähnt, daß G. Homberg [4] 1692 klar aussprach, daß man es bei dendritischen Silberbäumchen, deren Entstehung man in einem Tropfen Silbernitrat bei Zugabe von Kupfer mikroskopisch beobachtete, „mit einer einfachen Kristallisation“ zu tun habe und keineswegs mit vegetabilem Wachstum, wie viele andere Autoren vorher und auch noch nachher (z. B. von Leeuvenhoek [5]) angenommen haben.

Systematische wissenschaftliche mikroskopische Untersuchungen an Metallen wurden aber erst seit etwa der Mitte des vorigen Jahrhunderts durchgeführt. Hier ist besonders der Name von H. C. Sorby [6], eines englischen Petrographen, zu nennen, der durch Übertragung seiner Erfahrungen auf die mikroskopische Untersuchung von Metallschliffen (1863) zu einem Begründer der Metallographie wurde. Voraussetzung für diesen Schritt war neben der Entwicklung der Mikroskope auch die der Ätztechnik.

Letzteres lenkt uns auf die Tatsache, daß bei aller Wichtigkeit der mikroskopischen Untersuchungen auch die makroskopischen Ätzverfahren namentlich im Zusammenhang mit Bruchvorgängen — hier ist als früher Vertreter besonders R. A. F. de Réaumur [7] (1722) zu nennen — zur Erkenntnis des polykristallinen Aufbaues der Metalle beigetragen haben.

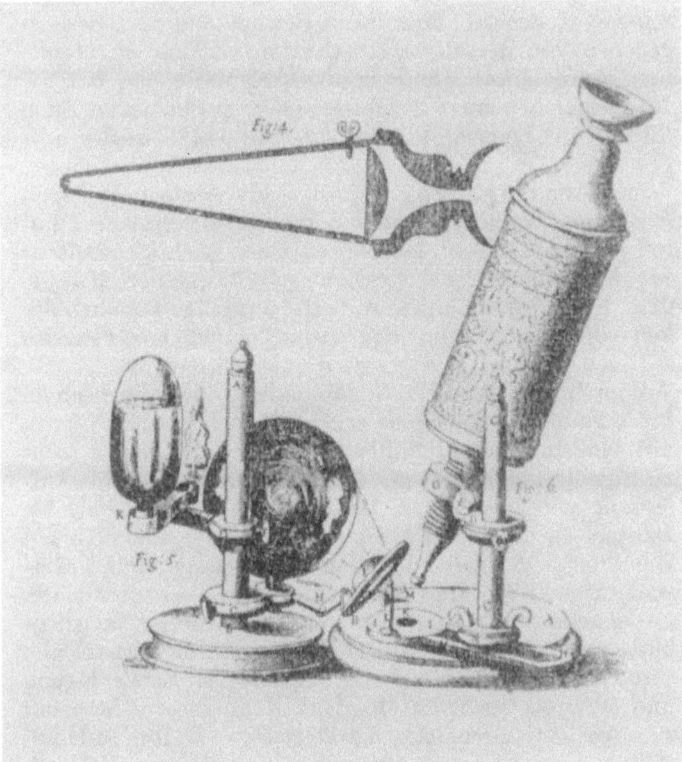

Abb. 9.2. Das Mikroskop von R. HOOKE (aus [3], nach A. RUPERT HALL: Die Geburt der naturwissenschaftlichen Methode)

Auf diesem Wege ist wohl zuerst J. F. Daniell [8a] (1816) zu der klaren Erkenntnis gekommen, daß der kristalline Aufbau der Metallkörner nicht notwendig ihre Begrenzung durch regelmäßige Flächen zur Folge haben müsse. Wie schwer diese Auffassung aber unter den damaligen Verhältnissen durchzusetzen war, sieht man am besten daran, daß sie keinen Widerhall fand, obwohl sie in der damals weit verbreiteten und angesehenen Zeitschrift Journal of Science and Art, herausgegeben von der Royal Institution London, veröffentlicht worden war. Ihr Schöpfer resignierte und hat die Idee sogar in seinem 27 Jahre später erschienenen Buch (Study of Chemical Philosophy [8b] 1843) wieder aufgegeben.

Etwa um die gleiche Zeit leistete die Ätztechnik durch Erzeugung der sogenannten Widmannstättenschen Figuren [9] (Abb. 9.3) an Meteoriten einen wichtigen Beitrag zur Erkenntnis des kristallinen Aufbaues der Metalle, denn diese Vorstellung konnte die auffällige Regelmäßigkeit der Anordnung der Ausscheidungen zwangslos erklären.

Zum Abschluß dieser Gedankenkette mag noch angeführt werden, daß auch die gelegentliche Beobachtung von mit bloßem Auge erkennbaren Kristallen bei der technischen Herstellung von Metallen Stützen für die Auffassung von kristallinem Metallaufbau geliefert hat. Als Beispiel sei P. C. Grignon [10] genannt, der 1775 ein Buch mit dem Titel „Mémoires de Physique“ mit Untersuchungen über die Eisenmetallurgie veröffentlichte, die er schon ab 1761 in der Pariser Akademie vorgelegt hatte. Als Leiter technischer Eisenerzeugungsanlagen stand ihm ein großes Beobachtungsmaterial zur Verfügung und er hatte auch die Möglichkeit, in diesem Maßstab zu experimentieren. Abb. 9.4 zeigt eine von ihm in Hohlräumen von Eisenguß gefundene dendritische Kristallgruppe.

Über den Anteil der Rekristallisationsforschung an unserem Problem habe ich auf der Rekristallisations-

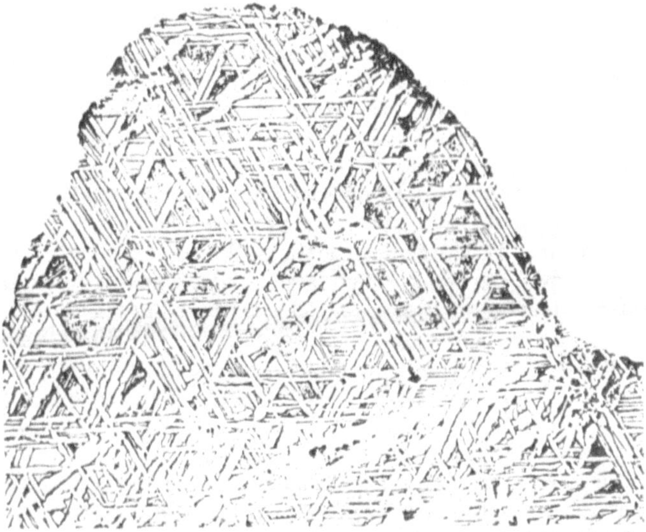

Abb. 9.3. WIDMANNSTÄTTENsche Figuren. Meteorit von Elbogen/Böhmen. Die Bildbreite entspricht 6 cm. Das Original ist ein direkter Abdruck der geätzten Meteoritenfläche (aus [9]) (vgl. Abb. 5.3, S. 66)

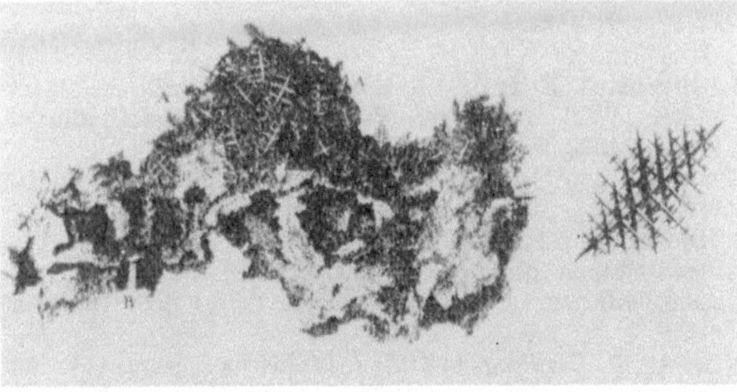

Abb. 9.4. Eisendendrite (aus [10], nach C. S. SMITH: A History of Metallography. Chicago and London 1965)

tagung vor drei Jahren gesprochen [1] und möchte hier nur daran erinnern, daß das auf Rekristallisation beruhende Pintsch-Verfahren [11] (1913) wohl das erste technische Verfahren zur Herstellung metallischer Einkristalle war. Es ist bekannt, daß die Rekristallisation auch heute noch in einer Reihe spezieller Fälle zur Herstellung metallischer Einkristalle benutzt wird, aber im allgemeinen sich die Züchtung aus der Schmelze durchgesetzt hat. Erwähne ich noch, daß J. Czochralski, der Mann, der die Phänomenologie der Rekristallisation durch Aufstellen des Rekristallisationsdiagramms zu einem ersten Abschluß gebracht hat (1916) [12a], auch die erste Methode zur Züchtung von Metallkristallen aus der Schmelze angab (1918) [12b], ursprünglich als Verfahren zur Messung der Kristallisationsgeschwindigkeit, so hat sich der Ring geschlossen.

Mit der Erzeugungsmöglichkeit metallischer Einkristalle war eine der Voraussetzungen für die moderne Metallphysik geschaffen, und darüber hinaus hat sie inzwischen technische Bedeutung erlangt. Den heutigen Stand der Kenntnisse auf diesem wichtigen Gebiet werden die folgenden Vorträge darstellen.

Literaturverzeichnis

[1] Schulze, G. E. R.: in: Rekristallisation metallischer Werkstoffe. VEB Deutscher Verlag für Grundstoffindustrie, Leipzig 1966, S. 7 (vgl. S. 82 in diesem Bande)

[2] Ewing, J. A., und W. Rosenhain: Phil. Trans. A **193** (1900) 353

[3] Hooke, R.: Micrographia, London 1665

[4] Homberg, G.: Mem. Acad. Sci. 1692, 145—152

[5] Leeuvenhoek, A. v.: Phil. Trans. Royal Soc. **23** (1703) 1430

[6] Sorby, H. C.: Berg- u. Hüttenmännische Zeitung 1885, 255 (Sorby hat seine bereits 1863 bei einer Zusammenkunft der British Association in Newcastle-on-Tyne mitgeteilten Ergebnisse erst so spät in gedruckter Form publiziert)

[7] Réaumur, R. A. F.: L'Art de convertir le fer forgé en acier, Paris 1722
[8] Daniell, J. F.: a) Journ. Science and Arts 1 (1816) 24–49); b) Introduction to the Study of Chemical Philosophy London 1839
[9] Schreibers, C. v.: Beiträge zur Geschichte u. Kenntnis meteorischer Stein- u. Metallmassen. Wien 1820. Dies dürfte die erste vollständige Beschreibung der Widmannstättenschen Figuren sein, die A. v. Widmannstätten, der Direktor der Kaiserlichen Porzellanmanufaktur und der Königlichen Mineraliensammlung, aber bereits 1808 gefunden hatte
[10] Grignon, P. C.: Mémoires de physique, sur le fer ... Paris 1775
[11] Pintsch Co., J.: Deutsches Reichspatent Nr. 291994, 1913
[12] Czochralski, J.: a) Int. Zeitschr. f. Metallographie 8 (1916), 1; b) Z. phys. Chem. 92 (1918), 219

10. Diffusion in metallischen Werkstoffen[1][2]

Diffusion in Metallen — das ist ein so weites Thema, namentlich wenn man die praktischen Anwendungen von Diffusionsprozessen einbeziehen will, daß man bei der Aufstellung eines Tagungsprogrammes zunächst nicht weiß, wo anfangen und wo aufhören. Und dabei bedeutet schon die Begrenzung auf Metalle eine außerordentliche Einschränkung — man braucht ja nur an die gerade in jüngster Zeit so bedeutungsvoll gewordenen Anwendungen von Diffusionsprozessen bei der Herstellung von Halbleiterbauelementen zu denken. Aber selbst bei Einbeziehung der Halbleiter wäre das Gebiet der Festkörperdiffusion noch bei weitem nicht voll erfaßt. Angesichts dieses Umfanges und der vielfältigen, teilweise Jahrtausende alten Anwendung der Diffusion überrascht es, daß die Existenz von Diffusionsprozessen in festen

[1]) Einführungsvortrag auf der 7. Metalltagung in der DDR am 1. 4. 1970 in Dresden

[2]) veröff. in „Diffusion in metallischen Werkstoffen", VEB Deutscher Verlag für Grundstoffindustrie, Leipzig 1970, 11–15

Körpern noch keine hundert Jahre als wissenschaftlich gesicherte Tatsache gilt.

Es sei daher gestattet, den Fachvorträgen hier in der Einführung einige kurze historische Bemerkungen vorauszuschicken, zumal dieses Vorgehen bei unseren letzten Tagungen [1] eine Resonanz gefunden und damit gezeigt hat, daß die Meinung, deutsche Naturwissenschaftler und Techniker seien ahistorisch eingestellt, zumindest nicht immer zutrifft. Es mag auch sein, daß in einer Zeit, wo über die Fortentwicklung der Wissenschaft im Rahmen von Prognoseuntersuchungen so viel nachgedacht wird, der bisherige Verlauf der Wissenschaftsentwicklung von größerem Interesse erscheint als früher. Damit soll selbstverständlich nicht die Auffassung vertreten werden, man brauche eine aufgezeigte Entwicklungslinie nur zu „extrapolieren", um eine brauchbare Prognose zu erhalten.

Als Beispiel für seit Jahrtausenden bekannte und teilweise technisch benutzte Erscheinungen, die wir heute als diffusionsbedingt ansehen, will ich nur zwei nennen. Schon Aristoteles kannte die Phasenumwandlung von weißem in graues Zinn, und die Festkörperreaktion der Zementation wurde schon im klassischen Altertum angewandt. So weiß Plinius von der Möglichkeit, den Silbergehalt aus festen Gold-Silber-Platten auszutreiben, und der Vater der arabischen Alchemie, Geber, beschreibt dieses Verfahren im 8. Jahrhundert ganz genau. Die Kohlenstoff-Zementation von Weicheisen zur Härtung (namentlich der Oberflächen) dürfte zur Überlegenheit der Eisenwaffen gegenüber den älteren aus Bronze wesentlich beigetragen haben. Übrigens ließ gerade das Studium der Eisenzementation Louis-Josef Gay-Lussac (1778—1850) an der Richtigkeit des alten chemischen Glaubenssatzes „Corpora non agunt nisi fluida" zweifeln [2], aber erst vor 125 Jahren!

Trotz der Ungeklärtheit der wissenschaftlichen Grundlage während all dieser Jahrhunderte beherrschten die Praktiker diese Verfahren in sehr hohem Maße und nutzten ihr Können nicht nur zur Herstellung etwa eines „scharfen, festen“ Schwertes, sondern verwandten viel Mühe darauf, daß ihr Erzeugnis auch ästhetisch befriedige, indem sie die Prozesse so führten, daß die Schwertklinge durch die metallurgischen Prozesse zugleich einen ansprechenden ornamentalen Schmuck erhielt (Abb. 10.1). Die gezeigten malaiischen Krise stammen aus dem 18.

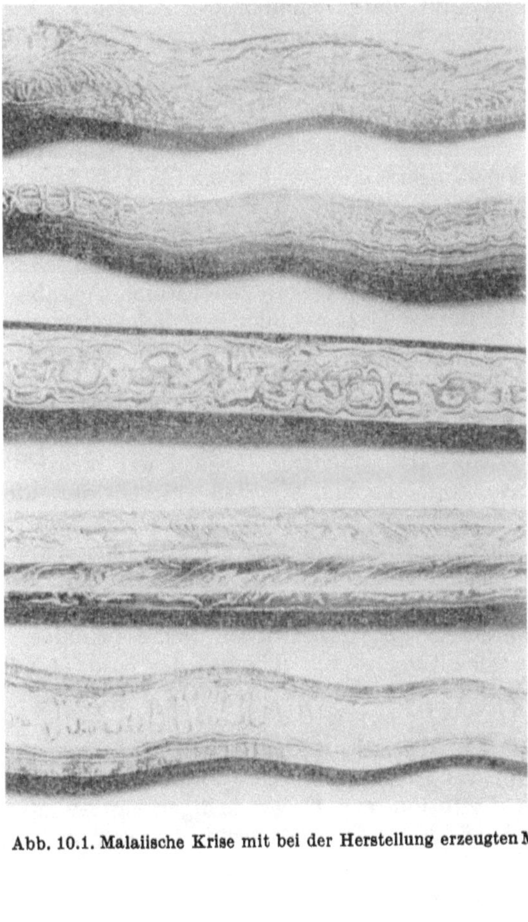

Abb. 10.1. Malaiische Krise mit bei der Herstellung erzeugten Mustern (aus [3])

oder 19. Jahrhundert; wesentlich älter sind die berühmten orientalischen (sog. Damaszener) Klingen (seit dem 6. Jahrhundert). Aus der gleichen Zeit stammen auch die Merowinger Schwerter, die gleichfalls schon offenkundig bewußt herbeigeführte Muster vom Herstellungsprozeß her aufweisen. (Daß diese Mühen gewürdigt wurden, zeigt ein Brief [3], in dem sich der König der Ostgoten, Theoderich, bei einem Vandalen-König für ein Geschenk von Waffen bedankt, deren wunderbares Aussehen ganz besonders gelobt wird.) Ich stelle der Abb. 10.1 eine heutige, mit einer Mikrostrahlsonde gewonnene gegenüber, die — ohne auf ästhetische Wirkung auszugehen — ein blumenartiges Gebilde aus intermetallischen Verbindungen, die durch Diffusion in einem modernen Verbundwerkstoff entstanden sind, zeigt (Abb. 10.2).

Seit wann gab es nun eine wissenschaftliche Untersuchung des Diffusionsproblems? Schlägt man in dem berühmten, 1845 vollendeten Gehlerschen Physikalischen Wörterbuch nach, so findet man eine Reihe Angaben über die Diffusion in Gasen, einige spärliche über die diesbezügliche Situation in Flüssigkeiten und über Festkörperdiffusion gar nichts. Das Wort „Diffusion" ist offenbar 1748, von Abt Jean Antoine Nollet (1700 bis 1770) eingeführt worden [4], allerdings für Erscheinungen, die wir als osmotisch bezeichnen würden. Claude Louis Graf Berthollet (1748—1822), der als erster die Existenz und Bedeutung nichtstöchiometrischer chemischer Verbindungen klar erkannt hat, untersuchte die Diffusion von Salzen in Lösungen und stellte die Proportionalität des Teilchenstromes mit dem Konzentrationsgefälle fest [5]; dabei sah er auch die Analogie mit der Wärmeleitung. Auch Thomas Graham (1805 bis 1869) arbeitete über die Diffusion von Salzlösungen [6].

Es leuchtet ein, daß die Entstehung der kinetischen Gastheorie um die Mitte des vorigen Jahrhunderts eine Deutung der Diffusion von Gasen bringen mußte, die vielleicht auch auf Flüssigkeiten übertragbar sein sollte.

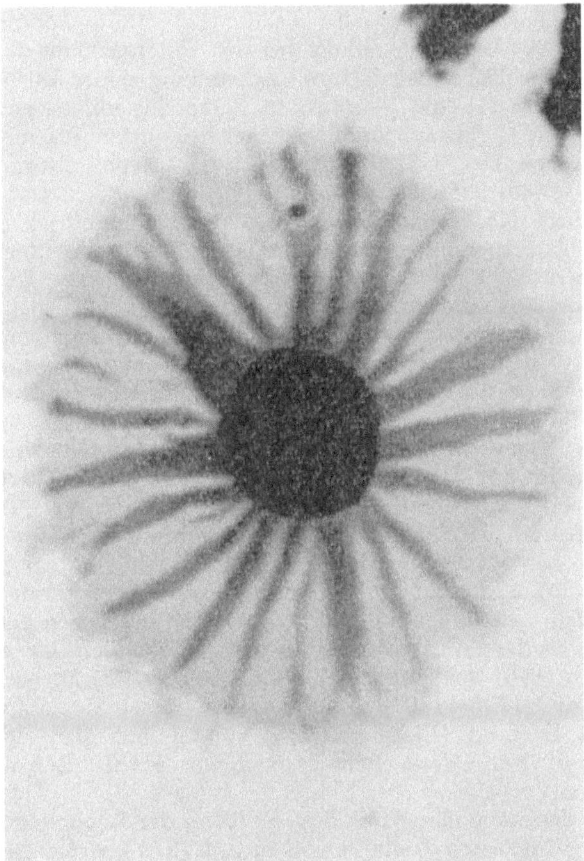

Abb. 10.2. Durch Diffusion erzeugte intermetallische Verbindungen in blumenartiger Anordnung. Der Kontrast beruht auf unterschiedlicher Elektronenabsorption.
Die Aufnahme entstammt einer Untersuchung, die an der TU Dresden gemeinsam von den Bereichen Werkstoffwissenschaften (Prof. Dr. W. Schatt) und Experimentalphysik II (Prof. Dr. G. E. R. Schulze) durchgeführt worden ist.

Diesen Fortschritt erzielte bekanntlich 1855 Adolph Fick (1829–1901) gleichfalls bei der Untersuchung der Diffusion gelöster Salze, durch Aufstellung seiner Diffusionsgesetze [7], die — ganz im Sinne der kinetischen Gastheorie — formal mit den schon bekannten Wärmeleitungsgesetzen von Jean Baptiste Joseph Fourier (1768–1830) übereinstimmten.

Für feste Körper gab es auch damals noch keine einschlägigen Untersuchungen. Immerhin lagen vereinzelte ältere Beobachtungen vor, die aber wirkungslos geblieben waren, wie dies wohl stets geht, „wenn die Zeit noch nicht reif ist". So hatte etwa schon 1713 Wilhelm Homberg (1652–1715) in einer Arbeit „Sur des matières qui pénètrent et qui traversent les metaux sans les fondre" über die außerordentliche Geschwindigkeit berichtet [8], mit der Quecksilber in einen Zinnbarren eindringt. Und bereits im 17. Jahrhundert hatte Robert Boyle (1626 bis 1691) ganz klar die Ansicht ausgesprochen [9], daß auch feste Körper, wie Glas oder Gold, ihre kleine Atmosphäre hätten, also verdampften und damit eine Frage aufgeworfen, die mit Diffusion und Festkörperreaktionen in engem Zusammenhang steht. Aber der experimentelle Nachweis des Dampfdruckes über festen Metallen gelang erst ab 1870! Schließlich sei erwähnt, daß 1820 Michael Faraday (1791–1867) über Legierungsausbildung im festen Zustand (Eisen-Platin) berichtet hat [10], im Rahmen von Versuchen Damaszener Stahl nachzumachen.

Im Zusammenhang mit dem Problem der Legierungsbildung im festen Zustand, das er seit 1878 bearbeitete, entwickelte Walther Spring (1848–1911) die ersten Vorstellungen von Festkörperdiffusion „on serait porté à penser qu'entre deux molécules de deux corps solides il y a un va-et-vient perpétuel d'atomes" [11].

Eine — sogleich erstaunlich weitgehende — quantitative Klärung des Problems der Festkörperdiffusion vom experimentellen Standpunkt brachte Sir William Chandler Roberts-Austen (1843–1902) in seiner Bakeriam-

Lecture von 1896 [12], der auch viele der vorstehenden historischen Bemerkungen entnommen sind.

Zunächst hatte er die Diffusion von einem festen Metall (z. B. Gold) in einem geschmolzenen (z. B. Blei) untersucht und darüber bereits 1883 vorgetragen [13]. Abb. 10.3 gibt eine Vorstellung von der erstaunlichen Genauig-

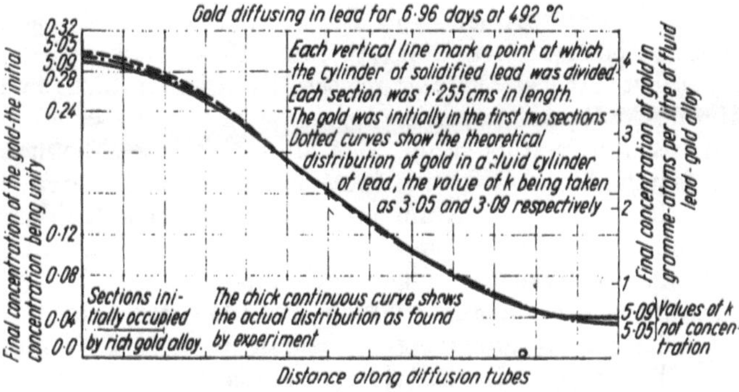

Abb. 10.3. Originalabbildung aus [12], die die außerordentliche Sorgfalt der Untersuchungen von ROBERTS-AUSTEN erkennen läßt

keit und zeigt die Anwendbarkeit des Fickschen Gesetzes. Dann folgen Ergebnisse über die Diffusion von Gold in festem Blei, die trotz der Schwierigkeit der Messungen mit modernen Zahlenwerten in guter Übereinstimmung sind. Die Untersuchungen erstreckten sich auf einen Temperaturbereich von 100 bis 250 °C. Leider ist es nicht möglich, hier auf Einzelheiten der Arbeit einzugehen, obwohl man dadurch ein besseres Bild von der Sorgfalt ihrer Durchführung trotz der heute kaum noch vorstellbaren Schwierigkeiten — z. B. hinsichtlich der Temperaturmessung — erhielte.

Ein weiterer prinzipieller experimenteller Fortschritt wurde 1920 von Georg von Hevesy (1885—1966) durch Einsatz radioaktiver Isotope zur Messung der Selbstdiffusion erzielt [14].

Mit der experimentellen Sicherstellung der Diffusion

im festen Zustand, oder wie wir heute auch sagen, die Existenz von atomaren Platzwechselvorgängen im Kristallgitter, war die Einstellung zur Frage nach der Möglichkeit von chemischen Reaktionen in Festkörpern in ein neues Stadium getreten. Sie waren prinzipiell verständlich, und es bestand daher keine Veranlassung mehr, sie allein durch die — manchmal nur spurenweise — mögliche Anwesenheit von flüssigen oder gasförmigen Bestandteilen zu erklären. Ab etwa 1920, nachdem die Kristallstrukturermittlung mittels Röntgenstrahlen sich durchgesetzt hatte, wurden sogar sogenannte topochemische Reaktionen bekannt, das sind sich ausschließlich im festen Zustand abspielende Reaktionen, bei denen der Gitterbau einer Komponente — etwa das Kohlenstoffnetz des Graphites — die Gewinnung anderweitig gar nicht darzustellender Verbindungen ermöglichte (Graphitverbindungen; KC_8). So wurde auch „das erstaunlich lange unbetretene, beinah verbotene Gebiet der Chemie, die Reaktivitätslehre des festen Materialzustandes", wie sich einer der Pioniere, John Arvid Hedvall (1888—1950), rückblickend ausdrückt [15], schließlich erschlossen, nicht zuletzt durch den direkten Nachweis der Diffusion im festen Zustand.

Eine Erklärung, d. h. eine atomistische Deutung der Diffusion, konnte mit Aussicht auf Erfolg natürlich erst in Angriff genommen werden, nachdem einige Kenntnisse über den Gitteraufbau der Kristalle vorlagen. Besonders wichtig waren dabei neben der Kenntnis der Raumverhältnisse in den Gittern der Nachweis vom Vorhandensein von Gitterfehlern verschiedenen Typs, insbesondere von Punktdefekten und die Einsicht, daß das Molekül im festen Zustand gar nicht die Rolle spielt, wie dies bei Gasen zutrifft, und durch die Erfolge der kinetischen Theorie als allgemeingültig angesehen wurde, sondern daß sehr viele Gitter nicht aus Molekülen, sondern aus Atomen bzw. Atomionen aufgebaut sind. Wenn aber die im Gitter beweglichen Teilchen Atome und nicht Moleküle sind, also Bausteine von chemischen Elementen und nicht schon von Verbindungen aus ihnen, so besteht die Möglichkeit, daß sich das Mengenverhältnis der Atome durch ihre Bewegung örtlich ändert und damit die Voraussetzung zur Bildung neuer Verbindungen geschaffen wird.

Damit sind wir etwa bei der Situation um 1930 angelangt. Von dieser Zeit an sind Diffusionsmodelle entstanden, die noch heute benutzt werden, und die daher in den einschlägigen Vorträgen unserer Tagung behandelt werden.

Literaturverzeichnis

[1] Vgl. die „Einführungen" von GUSTAV E. R. SCHULZE in folgenden Tagungsbänden: Grundlagen des Festigkeitsverhaltens von Metallen. Akademie-Verlag, Berlin 1965. Rekristallisation metallischer Werkstoffe, VEB Deutscher Verlag für Grundstoffindustrie, Leipzig 1966. Magnetismus, Struktur und Eigenschaften magnetischer Festkörper, VEB Deutscher Verlag für Grundstoffindustrie, Leipzig 1967. Kristallisation, VEB Deutscher Verlag für Grundstoffindustrie, Leipzig 1969 (vgl, S. 55, 82, 86, 103 in diesem Band)

[2] GAY-LUSSAC, L.-J.: Ann. Chim. et Phys. **17** (1846) 221

[3] Zitiert nach SMITH, C. S.: A History of Metallography, Chicago and London 1965, S. 6

[4] NOLLET, J. A.: Hist. de l'acad., Paris 1748

[5] BERTHOLLET, C. L.: Essai de statique chimique I, S. 412, Paris 1803

[6] GRAHAM, TH.: Phil. Trans. 1850 I

[7] FICK, A.: Pogg. Ann. **94** (1855) 59

[8] HOMBERG, G.: Memoires de l'Academie Royale des Sciences 1713, Band von 1739, Paris (Wilhelm Homberg hat seine in den Pariser-Akademie-Schriften veröffentlichten Arbeiten mit G(uillaume) Homberg gezeichnet)

[9] BOYLE, R.: Collected Works, Shaws edition 1738 Bd. 1, S. 400

[10] STODART, J., u. M. FARADAY: Quart. J. Sci. **9** (1820) 319

[11] SPRING, W.: Bull. Acad. roy. Belgique, Bd. **11** (1886) 355

[12] ROBERTS-AUSTEN, WILLIAM C.: Phil. Trans. Roy. Soc. London A **187** (1897) 383

[13] vgl. [12], S. 385
[14] GROH, J., u. G. v. HEVESY: Ann. Phys. **65** (1920) 216
[15] HEDVALL, J. A., u. R. JAGITSCH: Z. anorg. allg. Chem. **262** (1950) 49

11. Elektronenstruktur[1][2]

Die Eigenschaften von Metallen pflegt man einzuteilen in solche, die in erster Linie durch das Kristallgitter gegeben sind, und solche, die vorzugsweise durch die Metallelektronen bestimmt werden. Diese Einteilung hat sich nicht nur praktisch bewährt, sondern läßt sich auch durch theoretische Überlegungen als brauchbare Näherung rechtfertigen.

Trotzdem ist selbstverständlich eine — beim heutigen Stand der Wissenschaft immer fühlbarer werdende — Wechselwirkung zwischen beiden Ursachenkomplexen vorhanden, denn die Elektronenstruktur wird durch das Gitter mitbestimmt, und dieses seinerseits hängt über die Bindungskräfte von der Elektronenstruktur ab. Das wird selbst bei denjenigen Eigenschaften deutlich, an die man als Musterbeispiele elektronenbestimmter Eigenschaft zuerst denken wird, etwa bei der elektrischen Leitfähigkeit und bei den magnetischen Eigenschaften.

Während die Tatsache der elektrischen Leitfähigkeit aus der Elektronenstruktur der Metalle folgt, muß man zum Verständnis ihres Zahlenwertes schon die Wechselwirkung zwischen Elektronen und Gitterschwingungen heranziehen. Ja, selbst der Charakter der Leitfähigkeit kann bei Änderung der Gitterkonstanten in Folge hohen Druckes umschlagen: Stoffe wie Germanium, Silizium, Indiumantimonid, die unter normalen Bedingungen Halbleiter sind, werden unter starkem Druck metallische Leiter.

---

[1]) Einführungsvortrag auf der 8. Metalltagung in der DDR am 10. 3. 1971 in Dresden

[2]) veröff. in „Elektronenstruktur", VEB Deutscher Verlag für Grundstoffindustrie, Leipzig 1972, 11—15

Ebenso ist der Gittereinfluß bei magnetischen Eigenschaften von Metallen nicht zu verkennen: Obwohl die magnetischen Momente der Atome durch die Elektronenstruktur bestimmt sind, ist das gewöhnlich kubisch-raumzentrierte Eisen bekanntlich ferromagnetisch, wird aber antiferromagnetisch, sobald man es irgendwie veranlaßt, kubisch-flächenzentriert zu kristallisieren. Indem wir uns solcher stets vorhandenen Wechselwirkungen bewußt bleiben, wollen wir von der genannten Einteilung wegen ihres heuristischen Wertes unbedenklich Gebrauch machen. Während wir auf unseren bisherigen Metalltagungen ganz überwiegend gittermäßig bestimmte Eigenschaften behandelt haben, sollen diesmal die Elektronenstruktur selbst und ihr Einfluß auf die physikalisch-technischen Eigenschaften Gegenstand unserer Tagung sein.

Zur Wahl dieser Thematik haben uns zwei Gründe veranlaßt, obwohl es Bedenken gab wegen ihres stärker theoretischen Charakters. Einmal bliebe bei Vernachlässigung der Elektronenstruktur auf unseren Tagungen eine für das Verständnis der physikalisch-technischen Eigenschaften unentbehrliche Grundlage unberücksichtigt und damit würde letzten Endes das Hauptanliegen unserer Tagungsreihe in Frage gestellt, nämlich beizutragen zur schnellen Vermittlung der Ergebnisse metallwissenschaftlicher Forschung, damit die Metallerzeugung und -verarbeitung in immer stärkerem Maße nach wissenschaftlichen Gesichtspunkten erfolgen und somit rationeller gestaltet werden kann. Zum anderen sind in der Metallelektronenforschung seit etwa 10 Jahren so erhebliche Fortschritte erzielt worden, daß deren weitere Verbreitung schon um ihrer selbst willen angebracht erscheint.

Wenn wir uns nun der Entwicklung der Vorstellung von der Elektronenstruktur zuwenden wollen, müssen wir zunächst beim Elektron selbst verweilen, ohne auf Einzelheiten näher eingehen zu können, um so weniger, als weder ein Entdecker noch ein Entdeckungsjahr für das Elektron angegeben werden kann. Vielmehr setzte sich die Überzeugung von seiner Existenz während eines längeren Zeitraumes allmählich durch, und es erscheint nützlich, sich gerade die Schwierigkeit dieses Vorganges vor Augen zu führen. Dabei muß man noch zwei verschiedene Gesichtspunkte unterscheiden: Einmal die Frage, ob es überhaupt ein Elementarquantum der elektrischen Ladung gibt, und dann diejenige nach der Natur der Katodenstrahlen, die sich schließlich als Elementarteilchen mit rund 1/2000 Protonenmasse und einer negativen Elementarladung erwiesen und von G. Johnstone Stoney (1836–1911) den Namen Elektronen erhielten (1895). Diese Bezeichnung bürgerte sich nur langsam ein.

Wilhelm Weber (1804–1891) hatte schon vorher von elektrischen Atomen gesprochen, Hendrik Antoon Lorentz (1853–1928) und Joseph John Thomson[1]) (1856 bis 1940) benutzten anstelle des Begriffes „Elektron" das Wort „Ion" trotz der damit verbundenen Zweideutigkeit zunächst weiterhin.

Die Erkenntnis der atomistischen Struktur der Elektrizität geht bekanntlich auf Beobachtungen bei der Elektrolyse zurück. Schon um 1800 hatte der jung verstorbene, ideenreiche Liegnitzer Apotheker Johann Wilhelm Ritter (1776–1810) Vorstellungen entwickelt, die denen von Faraday entsprechen. Michael Faraday (1791–1867) selbst hat 1833 bei der Aufstellung seiner Gesetze der Elektrolyse durchaus die Möglichkeit ihrer atomistischen Deutung erkannt: „Wenn wir die atomistische Ausdrucksweise akzeptieren, müssen wir feststellen, daß Atome von Körpern, die chemisch äquivalent sind, mit gleichen Mengen Elektrizität verbunden sind. Ich muß jedoch zugeben, daß ich dem Ausdruck „Atom" gegenüber etwas mißtrauisch bin; obwohl es sehr einfach ist, von Atomen zu sprechen, so ist es doch sehr schwer,

---

[1]) J. Thomson, der Begründer der Massenspektroskopie, ist nicht mit seinem älteren Landsmann und Zeitgenossen William Thomson, dem späteren Lord Kelvin zu verwechseln.

sich eine klare Vorstellung von ihrem Wesen zu machen.“

Nicht nur Faradays persönlicher Skeptizismus gegenüber dem Atom, sondern noch viel mehr die großen Erfolge des von ihm benutzten Feldbegriffs und die dadurch stark geförderte Kontinuum-Betrachtungsweise haben das Sich-Durchsetzen des Atomismus außerordentlich verzögert. Erst 1874 hat Stoney wieder auf die atomistische Struktur der Elektrizität als Folgerung aus den Faradayschen Gesetzen hingewiesen, auch damals noch, ohne merkliche Beachtung zu finden. Er wiederholte seine Ausführungen im Februar 1881 in Dublin in einem Vortrag über die physikalischen Einheiten der Natur, wobei er die Größe der Elementarladung angab und maßgeblich benutzte. Wenige Wochen später hielt Hermann v. Helmholtz (1821—1894) in London seine vielbeachtete Faraday-Lecture, in der er gleichfalls die Existenz einer elektrischen Elementarladung aus den Faradayschen Gesetzen folgerte: „Wenn wir Atome der chemischen Elemente annehmen, so können wir nicht umhin, weiter zu schließen, daß auch die Elektrizität, positive sowohl wie negative, in bestimmte elementare Quanta geteilt ist, die sich wie Atome der Elektrizität verhalten.“ In einer seiner letzten Arbeiten zeigte er (1893), wie diese Vorstellung mit den Maxwellschen Gleichungen in Übereinstimmung zu bringen ist.

Ganz unabhängig von den elektrolytischen Erscheinungen führte ein vom Coulombschen Gesetz ausgehender Weg zur Elektronenvorstellung, der besonders von W. Weber verfolgt wurde. Der geborene Wittenberger, der mit 24 Jahren Professor in Halle und Jahre später in Göttingen wurde und dort mit Carl Friedrich Gauß den Zeigertelegraphen ohne Rückleitung baute sowie umfangreiche erdmagnetische Messungen durchführte, gehörte mit den beiden Brüdern Grimm zu den berühmten Göttinger Sieben, die wegen ihres Protestes gegen die Verfassungsaufhebung durch den hannoverschen König 1837 ihres Amtes enthoben wurden. Während seiner vorübergehenden Tätigkeit an der Universität Leipzig (1843—1848; dann wieder in Göttingen) veröffentlichte er eine erste Arbeit (1846) über die elektrische Maßbestimmung und sprach dort von elektrischen Atomen, deren Masse gegenüber derjenigen der ponderablen Materie vernachlässigbar sei, und verfolgte diesen Gedanken in späteren Arbeiten weiter.

Obwohl also einige namhafte Physiker von der atomistischen Struktur der Elektrizität überzeugt waren, hatte sich diese Vorstellung auch gegen Ende des vorigen Jahrhunderts noch keineswegs allgemein durchgesetzt. Immerhin machte H. A. Lorentz von ihr 1895 Gebrauch in seiner Untersuchung „Versuch einer Theorie der elektrischen und optischen Erscheinungen in bewegten Körpern", die die Maxwellsche Theorie erweitern sollte, um u. a. auch die Dispersionserscheinung erklären zu können. Es war ein großer Erfolg, daß Lorentz auf Grund dieser „Elektronentheorie" (er selbst gebrauchte diesen Namen erst später) den 1896 entdeckten Zeeman-Effekt sofort (1897) erklären konnte und sich dabei aus der gemessenen Frequenzaufspaltung von Spektrallinien der gleiche e/m-Wert für das „Elektron" ergab, wie man ihn an Katodenstrahlen bestimmt hatte.

Hinsichtlich der Aufklärung der Natur der Katodenstrahlen, die rund 40 Jahre erforderte, müssen wir uns mit wenigen Bemerkungen begnügen. Julius Plücker (1801—1868) beobachtete wohl als erster (1859) beim Studium von Gasentladungen in Geißlerschen Röhren die von der Katode ausgehende Strahlung. Johann Wilhelm Hittorf (1824—1914) zeigte 1869 ihre magnetische Ablenkbarkeit. Cromwell Fleetwood Varley (1828—1883) schrieb ihr 1871 korpuskularen Charakter und negative elektrische Ladung zu, konnte sich aber nicht durchsetzen. Eugen Goldstein (1850—1930), der 1876 die Bezeichnung Katodenstrahlen einführte, glaubte ihre Ablenkbarkeit im elektrischen Feld beobachtet zu haben, gleichfalls ohne zu überzeugen. Heinrich Hertz (1857—1894) konnte die elektrische Ablenkbarkeit nicht bestätigen

(1883). 1892 fand er jedoch, daß die Strahlen ganz dünne Metallfolien, die auch für Licht durchlässig waren, durchdringen konnten. Das schien ihm mit einer Korpuskularstrahlung unvereinbar. Er glaubte daher an eine longitudinale Wellenstrahlung. Aber wenige Jahre später wurde die elektrische Ablenkung der Katodenstrahlung endgültig gesichert durch Jean Baptiste Perrin (1870 bis 1940) und J. J. Thomson, der schon 1894 die Geschwindigkeit der Katodenstrahlen als viel kleiner gefunden hatte, als man sie nach Hertz vermuten sollte, kombinierte 1897 die magnetische und elektrische Ablenkung zur e/m-Bestimmung. Sein Wert wurde unabhängig von Walter Kaufmann (1871—1947) im gleichen Jahr bestätigt. Damit war der Bann gebrochen: George Fitzgerald (1851—1901), ein erfolgreicher Physiker jener Zeit, zieht 1897 den Schluß: „We are dealing with free electrons in these cathodes rays".

Den damals besten Zahlenwert der elektrischen Elementarladung erhielt übrigens Max Planck (1858—1947) aus Strahlungsmessungen bei der quantentheoretischen Abteilung seines Strahlungsgesetzes im Jahre 1900, nämlich $e = 1{,}57 \cdot 10^{-19}$ As, der merklich höher als die damals bekannten lag, sich aber in der Folgezeit als der richtigere erwies (heute wahrscheinlicher Wert: $1{,}60 \cdot 10^{-19}$ As).

Es dauerte nochmals ein Vierteljahrhundert, bis 1925 eine weitere fundamentale Eigenschaft des Elektrons aus spektroskopischen Daten herausgelesen wurde, der Spin (Samuel Abraham Goudsmit (1902) und George Eugene Uhlenbeck (1900)). Im gleichen Jahr stellte Wolfgang Pauli (1900—1958) sein Ausschließungsprinzip auf, wonach in einem Atom keine zwei Elektronen in allen vier Quantenzahlen übereinstimmen können. Damit war der Schlüssel zum Verständnis des Aufbaues des Periodensystems für chemische Elemente gefunden. Die für dem Pauli-Prinzip gehorchenden Teilchen erforderliche neue Statistik schufen 1926 unabhängig voneinander Enrico Fermi (1901—1954) und Paul Adrian Maurice Dirac

(1902). Sie erwies sich als grundlegend für die Metallelektronentheorie.

Diese war um 1900 entstanden, also gleich nachdem sich die Vorstellung des Elektrons durchgesetzt hatte und noch bevor man den Atomaufbau verstand.[1]) Ausschlaggebend für die Metallelektronentheorie war die Erfahrungstatsache, daß man Elektronen aus jedem Metall als Katodenstrahlen oder auch als Photoelektronen auslösen kann, so daß der Gedanke nahe lag, daß in jedem Metall eine Anzahl frei beweglicher Elektronen vorhanden wäre und die metallische Leitfähigkeit verursachte. Neben Arthur Schuster (1851—1934) und Eduard Riecke (1845—1915) ist hier vor allem Paul Drude (1863—1906) zu nennen, der in seiner Arbeit „Zur Elektronentheorie der Metalle" [1] den entscheidenden Schritt tat, das „Gas der freien Metallelektronen" am thermodynamischen Gleichgewicht teilnehmen zu lassen, und damit zu einer quantitativen Theorie gelangte, die eine Reihe bemerkenswerter Erfolge aufweisen konnte. Diese sollen aber hier nicht geschildert werden, da sie noch heute in jeder einschlägigen Darstellung nachzulesen sind. Aus dem gleichen Grund wird nur kurz daran erinnert, daß einige grundsätzliche Schwierigkeiten, die sich bald ergaben und die ganze Theorie in Frage stellten, 1928 durch Arnold Sommerfeld (1868—1951) [2] überwunden wurden, indem er anstelle der bisher auf die Metallelektronen angewendeten klassischen Statistik die Fermi-Dirac-Statistik benutzte, wie es für dem Pauli-Prinzip gehorchende Teilchen erforderlich ist. Daß das gesamte Metallelektronengas dem Pauli-Prinzip unterliegt, war durch den Erfolg nahegelegt worden, den Pauli selbst mit dieser Vorstellung bei der Bearbeitung eines speziellen Problems (Paramagnetismus des Elektronengases) 1927 erzielt hatte.

---

[1]) Philip Lenard (1862—1947) zog um die gleiche Zeit aus seinen Elektronenstreuversuchen den Schluß, daß das Atom im wesentlichen leer sei, und schuf seine Dynamiden-Vorstellung, einen Vorläufer des Rutherfordschen Atommodells.

Dennoch befriedigte auch die Sommerfeldsche Theorie nicht vollständig, ja, gewisse Schwierigkeiten der klassischen Theorie traten in ihr sogar verstärkt auf, so daß das Modell der freien Metallelektronen doch als stark vereinfacht erscheinen mußte. Felix Bloch (1905) [3] schuf deshalb 1928 auf Grund der damals gerade entwickelten Wellenmechanik die Grundlage der modernen Metallelektronentheorie, indem er das Verhalten der Metallelektronen unter dem Einfluß des periodischen Gitterpotentials auf der Grundlage der Schrödinger-Gleichung studierte.

Den weiteren Ausbau dieser Theorie, die etwa mit den Arbeiten von R. E. Peierls 1930 einsetzte, will ich hier nicht schildern. Denn einmal könnte ich damit vielleicht etwas vorweg nehmen, und zum anderen gibt es darüber eine Zusammenfassung in der „Einführung in die Elektronentheorie der Metalle“ von Wolfram Brauer [4]. So lassen Sie mich schließen mit dem Hinweis auf eines der überraschendsten Ergebnisse der modernen Metallelektronentheorie, das sie nach weiteren 30 Jahren gebracht hat, nämlich die Erkenntnis der Gründe dafür, daß sich die grobe Vorstellung freier Metallelektronen in so vielen Fällen als eine erstaunlich brauchbare Näherung erweist.

Literaturverzeichnis

Hinsichtlich der Literatur bis 1900 siehe Hoppe, E.: Geschichte der Physik, Braunschweig 1926. Außerdem wurde zu Rate gezogen: Laue, M. v.: Geschichte der Physik, 3. Aufl. 1950

Originalarbeiten seit 1900:

[1] Drude, P.: Zur Elektronentheorie der Metalle. Ann. Phys. **1** (1900) 566

[2] Sommerfeld, A.: Zur Elektronentheorie der Metalle auf Grund der Fermischen Statistik. Z. Phys. **47** (1928) 1

[3] Bloch, F.: Über die Quantentechnik der Elektronen im Kristallgitter. Z. Phys. **52** (1928) 555

[4] BRAUER, W.: Einführung in die Elektronentheorie der Metalle. Leipzig 1966. Im Anhang „Historische Entwicklung“ findet man weitere Literaturnachweise

12. Phasenumwandlungen im festen Zustand[1][2]

Das Thema unserer diesjährigen Tagung „Phasenumwandlungen im festen Zustand“ ist sehr aktuell und dies nimmt nicht wunder. Denn in einer Zeit der ständig wachsenden Anforderungen an die Werkstoffe muß jede von der Natur angebotene Eigenschaftsänderung, wie sie mit einer Phasenumwandlung verbunden ist, hinsichtlich ihrer technischen Verwendbarkeit geprüft werden, und es ist gegebenenfalls wichtig zu wissen, wie eine gewünschte Phasenumwandlung herbeigeführt oder eine unerwünschte vermieden werden kann. Außer diesen praktischen Belangen gibt es hier auch noch viele offene theoretische Probleme, z. B. existiert ja bis heute nicht einmal eine in jeder Hinsicht befriedigende Schmelztheorie!

Bei unseren Tagungen hat es sich allmählich eingebürgert — und wohl auch bewährt —, einführend etwas über die geschichtliche Entwicklung des Tagungsgegenstandes zu sagen. Wenn ich diesem Brauch auch heute folgen darf, so ist zunächst bezüglich des allein in der Physik schon so vieldeutigen Wortes „Phase“ festzustellen, daß es in dem hier interessierenden Sinn der thermodynamischen Gleichgewichtslehre zuerst von Josiah Willard Gibbs (1839—1903) (Abb. 12.1) gebraucht worden ist. Seine in dieser Richtung grundlegende Arbeit „Über das Gleichgewicht heterogener Substanzen“ erschien in zwei Teilen (1876 und 1878), leider in der so gut wie unzugänglichen Zeitschrift „Works of the Academy of

---

[1]) Einführungsvortrag auf der 9. Metalltagung in der DDR am 16. 10. 1972 in Dresden

[2]) veröff. in „Phasenumwandlungen im festen Zustand“, VEB Deutscher Verlag für Grundstoffindustrie, Leipzig 1973, S. 9—14

Arts and Science of Connecticut“ und wurde daher erst durch eine von Wilhelm Ostwald (1890) besorgte Übersetzung bekannt, nachdem inzwischen M. Planck und J. H. Van't Hoff eine Reihe seiner Ergebnisse unabhängig von ihm gefunden hatten. Daneben hat Gibbs grundle-

Abb. 12.1. Josiah Willard Gibbs (1839–1903) [4]

gende Arbeiten zur Vektoranalysis, die auch den für die Festkörperphysik so wichtigen Begriff des reziproken Gitters enthielten, und zur statistischen Mechanik geschaffen, aber infolge seiner außerordentlichen Bescheidenheit nur auf Drängen seiner Schüler sehr zögernd veröffentlicht, so daß seine hervorragende Bedeutung erst ziemlich spät erkannt wurde. Der berühmte österreichische theoretische Physiker Ludwig Boltzmann hat ihn einmal „den größten Denker seit Newton" genannt. Fast sein ganzes Leben hat Gibbs in seiner Geburtsstadt New Haven, Connecticut, USA, verbracht und war bis zu seinem Tode dort als Professor für mathematische Physik an der berühmten Yale-Universität — damals College — tätig, an der er auch sein Studium absolviert hatte. Dies rundete er allerdings durch ein dreijähriges Auslandsstudium (1866—69) in Paris, Berlin und Heidelberg ab, das ihn mit H. G. Magnus, G. Kirchhoff und H. v. Helmholtz in Berührung brachte.

Das Wirksamwerden des Gibbsschen Phasengesetzes in der Metallkunde begann erst über zwei Jahrzehnte nach seiner Aufstellung — d. h. sogar noch 10 Jahre später, als die Ostwaldsche Übersetzung von Gibbs'Arbeit erschienen ist —, und zwar durch H. W. Bakhuis Roozebooms Veröffentlichung [6] „Eisen und Stahl vom Standpunkt der Phasenlehre" (1900).

Wir wenden uns nun den Phasenumwandlungen zu und beschränken uns dabei entsprechend unserem Generalthema auf diejenigen im festen Zustand. Bezüglich der viel auffälligeren und phänomenologisch leichter zu erfassenden Aggregatzustandsänderungen — Schmelzen und Verdampfen usw. — möchte ich nur im Vorübergehen erwähnen, daß ihre Kennzeichnung durch Umwandlungstemperatur und Umwandlungswärme etwa um 1760 erfolgte, nämlich sobald Joseph Black (1728—99) (seit 1756 Professor der Chemie in Glasgow, seit 1766 in Edinburg) die „latente Wärmemenge" bei der Umwandlung von Eis zu Wasser erkannt und experimentell bestimmt hatte. Außerdem bestimmte er die spezifische

Wärme. Bevor diese Ergebnisse im Druck erschienen waren (1775), hatte 1772 Johann Karl Wilke (geboren 1732 in Wismar, gestorben 1796 als Sekretär der Akademie der Wissenschaften zu Stockholm) spezifische Wärmemessungen veröffentlicht. Für solche Untersuchungen war natürlich das Vorhandensein entsprechender Meßinstrumente erforderlich. Kalorimeter gab es seit etwa 1750; für quantitative Messungen geeignete Thermometer stellt Gabriel Daniel Fahrenheit (1686–1736) um 1700 her, nachdem eine längere Entwicklung vorausgegangen war, zu der Galileo Galilei, Otto v. Guericke, Evangelista Torricelli u. a. beigetragen hatten. Den Begriff der Wärmemenge hat wohl zuerst Georg Wilhelm Richmann (geboren 1711 im Baltikum, gestorben 1753 bei der Durchführung von Blitzexperimenten), Mitglied der Petersburger Akademie der Wissenschaften, klar erkannt.

Wir fragen nun, wann es dem Menschen bewußt geworden ist, daß ein und derselbe chemische Stoff in verschiedenen festen Phasen mit unterschiedlichen Eigenschaften auftreten kann. Dabei wollen wir hier die festen Phasen als im wesentlichen durch ihr Kristallgitter charakterisiert ansehen. Rückschauend ist es leicht, dafür Beispiele anzugeben, die auch schon im Altertum bekannt waren; aber man muß beachten, daß damals die genannte Fragestellung gar nicht möglich war, weil sie von der gleichen chemischen Zusammensetzung im Sinne der modernen Chemie ausgeht. Unsere Frage wurde also erst sinnvoll und konnte bearbeitet werden, nachdem die wichtigsten chemischen Grundgesetze gewonnen worden waren und die erforderlichen analytischen Methoden zur Verfügung standen.

Setzt man dafür etwa die Wende vom 18. zum 19. Jahrhundert an, so muß man feststellen, daß diese Zeit zur Lösung des Problems nicht eben günstig war. Denn nach der Entdeckung des Gesetzes der Flächenwinkel-Konstanz an Kristallen (1669) durch den dänischen Arzt Niels Stensen (Nicolaus Steno) (1638–86) hatte die Kristallkunde begonnen, sich zur exakten Wissenschaft zu entwickeln und eine ihrer größten Autoritäten in der damaligen Zeit, der Abbé Just Haüy (1743—1822), hatte in den achtziger Jahren des 18. Jahrhunderts ein „Grundgesetz" aufgestellt, nach dem jeder chemisch einheitliche Stoff nur diejenigen „Formen eines und desselben Kristallsystemes annimmt, die miteinander vereinbar und von einer gemeinschaftlichen Grundform abzuleiten sind" (zitiert nach [3], Band V 2, S. 1351), d. h., jeder chemisch einheitlichen Substanz wird eine ihr eigentümliche Kristallstruktur zugeschrieben. Damit stand die 1822 — also vor genau 150 Jahren — von Eilhard Mitscherlich (1794—1863), Professor der Chemie am Militärärztlichen Institut in Berlin, klar erkannte Polymorphie im Widerspruch. Er verwies z. B. auf den kubischen Diamanten und hexagonalen Graphit als zwei Modifikationen des Kohlenstoffs, oder auf Kalkspat und Aragonit als Kristallformen des $CaCO_3$. Mitscherlich beobachtete auch die Umwandlung am Beispiel des Zinkvitriols $ZnSO_4 \cdot 7\,H_2O$: Erhitzt man davon einen Kristall der unterhalb 52 °C aus wäßriger Lösung kristallisierenden Modifikation auf über 52 °, „so wird er an einzelnen Punkten der Oberfläche matt, und von diesen Punkten aus — nach dem Inneren des durchsichtigen Kristalls — schließen divergierende Bündel von milchweißen Kristallen an, bis schließlich alles in ein Aggregat von diesen Kristallen verwandelt ist."

„Daß die bei einer gewissen Temperatur erzeugten Kristalle bei einer veränderten Temperatur in ein Aggregat von Kristallen eines anderen Systemes übergehen, führt Mitscherlich zu dem Schlusse, daß die Atome der festen Körper aneinander verschiebbar sind, wenn gewisse Umstände eintreten, welche eine andere Anordnung derselben (eine andere Kristallform) notwendig machen," heißt es in einem zeitgenössischen Bericht (a. a. O. 1852—54). Einige Jahre vor der Auffindung der Polymorphie hatte Mitscherlich bereits die Isomorphie (1819) entdeckt.

Im Hinblick auf Elemente, also auch auf Metalle, spricht man gewöhnlich von Allotropie anstatt von Polymorphie. Besonders ausgeprägt ist die Allotropie bei dem häufigsten Gebrauchsmetall, dem Eisen, mit seinen drei Phasenumwandlungspunkten. Allerdings liegen sie bei verhältnismäßig hohen Temperaturen (über 1000 K), und ihnen entsprechen nur zwei verschiedene Kristallstrukturen.

Bevor wir hierauf etwas näher eingehen, sei noch kurz das Zinn erwähnt, weil man angesichts des Umwandlungspunktes bei 13,2 °C annehmen könnte, hier seien die Verhältnisse besonders frühzeitig und gründlich geklärt worden. Dies ist aber gar nicht der Fall. Zwar findet sich bei dem sogenannten Pseudo-Aristoteles [7] die Bemerkung, daß keltisches Zinn auch schmelze, wenn Frost eintritt, und es liegt die Vermutung nahe, daß hiermit der Zerfall von weißem Zinn in graues gemeint sein könnte. Aber im übrigen gibt es erst aus dem 19. Jahrhundert einigermaßen präzise Berichte, von denen der älteste wohl der von O. L. Erdmann (1851) [8] über den unerklärlichen Zerfall von aus dem 17. Jahrhundert stammenden Orgelpfeifen der Schloßkirche zu Zeitz ist. Es wird u. a. von „warzenartigen Ausbeulungen" berichtet als Folge „der Erzitterungen, welche das Metall der Orgelpfeifen zu erleiden hat" und von der Wiederherstellbarkeit des alten Zustandes durch Aufschmelzen. J. Fritsche [9] beschreibt 1869 die später „Zinnpest" genannte Erscheinung genauer und weist auf ihre Temperaturabhängigkeit hin. Darauf folgte 1870 die Deutung als Allotropie durch C. Rammelsberg [10], der die Untersuchungen 1880 fortsetzte auf Grund von Funden 300 bis 400 Jahre alter Zinngegenstände, die im Freiberger Dom eingemauert gewesen waren und unter denen sich ein von Zinnpest befallener Ring befand. Trotz noch weiterer Bemühungen auch anderer Autoren scheint die Frage der Zinnpest aber nicht endgültig geklärt zu sein, weil wohl noch andere Einflüsse, wie etwa Korrosionserscheinungen, bei den Befunden mitspielen können. Der Umstand, daß das Britische Museum in London nach einem Belegstück für reine Zinnpest suchen soll, beleuchtet die Situation vielleicht am besten.

Nun zum Eisen. Daß sein Übergang aus dem ferromagnetischen in den paramagnetischen Zustand, den wir heute als Phasenumwandlung ohne Gittertypänderung auffassen, bei Rotglut erfolgt, erwähnt schon William Gilbert (1600) in seinem berühmten Werk De Magnete. Hinweise auf die anderen Phasenumwandlungen im festen Eisen, die nach unseren heutigen Kenntnissen mit Gitterumwandlungen verbunden sind, finden sich auch schon sehr frühzeitig, und zwar meist im Zusammenhang mit der immer wieder interessierenden Frage nach den Ursachen der Stahlhärtung. Der Anreiz zu immer neuer Untersuchung dieses äußerst komplizierten Problemes lag offenbar in seiner praktischen Bedeutung, denn von rein erkenntnismäßigem Standpunkt wäre es erfolgversprechender gewesen, zunächst Phasenumwandlungen an weniger komplizierten Stoffen zu studieren.

Es kann nicht unsere Absicht sein — und wäre auch gar nicht möglich —, im Rahmen dieser Einführung die verschlungenen Pfade der Aufklärung des Stahlproblemes nachzuzeichnen, sondern wir müssen uns mit der Herausstellung einiger wichtiger Punkte begnügen.

R. F. Mehl [5] teilt ohne nähere Angaben mit, daß die Allotropie-Vorstellung schon durch Tobert Olaf Bergmann (1735—1784), Professor der Chemie in Schweden, in seiner berühmten Schrift De analysi ferri, Uppsala 1781 diskutiert worden sei. Bergmann vertrat übrigens schon 1773, also vor Haüy, und wie vor ihm Thomas Harriot (1560—1621), Johannes Kepler (1571—1630), Robert Hooke (1635—1703), Christian Huygens (1629 bis 1695) und mancher andere, die Ansicht, daß die Kristalle aus einem dreifach periodischen Bauwerk kleinster Teile beständen.

Ein sicherer Nachweis von Phasenumwandlungen konnte im vorigen Jahrhundert erst durch die thermische Analyse erbracht werden, nachdem sie zu der erforderlichen Genauigkeit entwickelt worden war. Schon vorher wurden unstetige Eigenschaftsänderungen beobachtet, etwa bei der Wärmeausdehnung von Eisendrähten, die zuerst von E. Nairn (1780) [11] bei elektrisch erhitzten Eisendrähten beobachtet worden ist. G. Gore (1869) [12] und anschließend andere Forscher bestätigten diesen Effekt: Nach Abschalten der Batterie vom auf Rotglut erhitzten Draht „verlängerte sich beim Abkühlen der Draht plötzlich und verkürzte sich dann allmählich, bis er ganz kalt wurde". Die thermische Analyse erreichte die notwendige Sicherheit bis zu hohen Temperaturen noch später, nämlich eigentlich erst durch Einführung des Pt—PtRh Thermoelements (1887) durch Henri le Chatelier (1850—1936) [13], obwohl der thermoelektrische Effekt schon 1821 von Thomas Johann Seebeck (1770—1831) entdeckt worden war. Freilich gab es auch schon vorher einzelne zuverlässige thermoelektrische Untersuchungen, zum Beispiel von P. G. Tait, 1872 [14], die die Allotropie von Eisen bestätigten.

Die mit der Allotropie von Stählen verbundenen kritischen Punkte hat als erster der russische Metallurge Dimitri Konstantinovich Tschernov (1868) [15] nachgewiesen, indem er zeigte, daß man Stahl unterhalb einer bestimmten Temperatur nicht härten kann. Sein berühmtes Diagramm zeigt Abb. 12.2, die außerdem die Korngröße in Abhängigkeit von der Temperatur enthält. Unterhalb der Temperatur von a ist keine Härtung möglich, das Kornwachstum beginnt erst bei der Temperatur von b. Tschernov wies auch den Einfluß des Kohlenstoffgehaltes auf die Lage der kritischen Punkte nach. Er zog seine Schlüsse auf Grund einer außerordentlich guten Beobachtungsgabe mit ganz geringen Hilfsmitteln.

Das Erscheinen einer englischen Übersetzung der Tschernovschen Arbeiten 1876 [15] dürfte dazu beigetragen haben, daß der englische Petrograph und Metallkundler, Henry Clifton Sorby (1826—1908), der ein hochangesehener Wissenschaftler war, obwohl er seine Forschung ohne berufliche Bindung betrieb und oft als Begründer der modernen Metallkunde betrachtet wird, seine mikroskopischen Untersuchungen an Stählen veröffentlichte [16], an denen er schon Mitte der sechziger Jahre gearbeitet hatte und die auch ihn zur Erkenntnis der Allotropie geführt hatten.

Durch Vereinigung der mikroskopischen Methode mit der thermischen Analyse konnte der Franzose Floris Osmond (1849–1912) wesentlich präzisere Ergebnisse

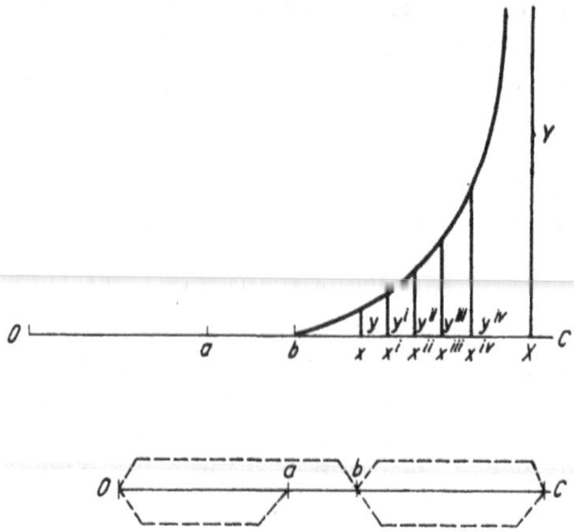

Abb. 12.2. Untere Figur: TSCHERNOVS Diagramm mit den kritischen Punkten des Stahls (1868)
Obere Figur: Korngrößenabhängigkeit von der Temperatur (1876) [1]

erzielen [17]. Anstelle des Tschernovschen kritischen Punktes a unterschied er bei reinem Eisen drei (A_2 ($\alpha - \beta$), A_3($\beta - \gamma$) und A_4($\gamma - \delta$)), und einen weiteren A_1, der nur bei Stählen auftritt. Die Umwandlung von α- in β-Eisen bei A_2 sollte nach Osmond und anderen „Allotropisten" auch für die Härte des Stahles verantwortlich sein, indem dem β-Eisen — ohne nähere Begründung — eine besondere Härte zugeschrieben wurde, während die „Karbonisten" den Kohlenstoff für die Stahlhärtung verantwortlich machten. Es entspann sich ein äußerst heftiger Streit, der letzten Endes erst erlosch durch den 1922 von A. Westgren und G. Phragmen röntgenographisch geführten Nachweis [18], daß α-Eisen ebenso wie β-Eisen kubisch-raumzentriert kristallisiert, beide Phasen sich also nur durch den magnetischen Zustand unterscheiden. Rückschauend stellt man fest, wie oft in ähnlichen Fällen, daß beide Meinungen in gewissem Umfang zu Recht bestanden.

Damit sind wir in unserem Jahrhundert angelangt und haben den Stand erreicht, der durch unsere Vorträge erfaßt wird.

Literaturverzeichnis

Geschichtliche Darstellungen

[1] Smith, C. S.: A History of Metallography, Second Impression 1965, The University of Chicago Press, Chicago and London

[2] Laue, M. v.: Geschichte der Physik, 3. Auflage, Athenäum-Verlag, Bonn 1950

[3] Gehler, J. S. T.: Physikalisches Wörterbuch. Neubearbeitet in 11 Bänden, Leipzig 1825–1845

[4] Leprince-Ringuet, L.: Die berühmten Erfinder, Physiker und Ingenieure, Aulis Verlag, Deubner u. Co, Köln 2. Auflage, ohne Jahr

[5] Mehl, R. F.: The Historical Development of Physical Metallurgy. In: Cahn, R. W.: Physical Metallurgy. Second Edition: Amsterdam–London–New York 1970

Fachwissenschaftliche Originalarbeiten

[6] Bakhuis Roozeboom, H. W.: Zeitschr. phys. Chemie, **34** (1900) 437–87

[7] Pseudo-Aristoteles: ein wahrscheinlich zwischen 200–600 n. Chr. kompiliertes Buch eines unbekannten Verfassers. Nachdruck: Aristoteles, De Mirabilibus Auscultationibus, Göttingen 1786, S. 100, herausgeg. v. I. Beckmann

[8] Erdmann, O. L.: J. Prakt. Chem. **52** (1851) 438

[9] Fritsche, J.: Mem. Acad. Imp. Sci. St. Petersbourg [7] 15

[10] Rammelsberg, C.: Monatsber. Kgl. Preuß. Akad. Wiss. Berlin (1880) 225/33, 229

[11] Nairn, E.: Phil. Trans. Roy. Soc. **70** (1780) 334–37

[12] Gore, G.: Proc. Roy. Soc. 17 (1869) 260–65

[13] LE CHATELIER, H.: Journ. de phys. **6** (1887) 23–31
[14] TAIT, P. G.: Trans. Roy. Soc. Edinburgh, **27** (1872) 125 bis 40
[15] TSCHERNOV, D. K.: Zapiski Russkago Tekhnicheskago Obshestva 1868, 399–440. Englische Übersetzung von ANDERSON, W., zu der TSCHERNOV die obere Kurve von Abb. 12.2 beisteuerte: The Engineer, 2 (1876)
[16] SORBY, H. C.: The structure of Iron and Steel. Jour. Iron and Steel Inst. 1882, 702/3. On the Microscopical Structure of Iron and Steel. Journ. Iron and Steel Inst. 1887, 254–88
[17] OSMOND, F.: Transformations du fer et du carbone dans les fers, les aciers et les fontes blanches. Paris 1888
Méthode générale pour l'analyse micrographique des aciers au carbone. Bull. Societé d'Encouragement pour l'Industrie Nationale, **10** (1895) 480–518
[18] WESTGREN, A., and G. PHRAGMÉN: Journ. Iron and Steel Inst. **105** (1922) 241–73

13. Zur Stabilität und zur Bezeichnung der Laves-Phasen[1][2]

Einleitung

Da es einerseits seit langem üblich ist, Kristalle nach Symmetrie-Gesichtspunkten zu klassifizieren, und andererseits das Auffinden von Symmetrie-Eigenschaften eine wesentliche Rolle bei der Ermittlung von Kristallstrukturen spielt, wurden die Strukturtypen naheliegenderweise zunächst vom Symmetrie-Standpunkt aus geordnet. Dabei mußten allerdings, wie sich schnell herausstellte, Typen mit sehr ähnlichen Koordinationsverhältnissen bisweilen weit entfernt voneinander eingeordnet werden, und umgekehrt treten gelegentlich in ein und demselben Strukturtyp ganz verschiedene Koordinationsverhältnisse auf.

Eine Charakterisierung der Strukturtypen, welche

---

[1]) Herrn Professor F. LAVES zum 65. Geburtstag gewidmet.

[2]) Auszug aus einem Aufsatz in der Zeitschrift für Kristallographie **133** (1971) 7–17 (gemeinsam mit P. PAUFLER)

umgekehrt von den für die Bindung wesentlichen Koordinationsverhältnissen ausgeht, wurde 1930 von F. Laves [1] durch Einführung des Begriffes der „Bauzusammenhänge" und Beschreibung der Strukturen durch „Baupläne" gegeben. Ein instruktives Beispiel für die Fruchtbarkeit dieses Vorgehens war die Erkenntnis [2], daß die damals bereits bekannten Strukturtypen des $MgZn_2$ und $MgCu_2$ auf Grund ihrer Baupläne ganz nahe verwandt sind und daß auch die dann neu aufgefundene Struktur des $MgNi_2$ den gleichen Bauplan besitzt [3]. Daraufhin lag es nahe, die intermetallischen Verbindungen, die in einem dieser drei Strukturtypen kristallisieren, zu einer Gruppe zusammenzufassen, für die sich auf Vorschlag des einen von uns [4] die Bezeichnung Laves-Phasen eingebürgert hat.

Die Laves-Phasen sind die stärkste Gruppe binärer intermetallischer Verbindungen (unsere Kartei[1]) enthält, im August 1970, unter 3880 Verbindungen in 1584 Systemen 315 binäre Laves-Phasen; es folgen 264 Phasen im *B* 2-Typ und 228 im *B* 1-Typ) und können als Prototyp intermetallischer Verbindungen mit ausgesprochen metallischem Charakter angesehen werden. Es ergibt sich die Frage, ob ihre physikalischen Eigenschaften mit dieser Auffassung im Einklang sind. Deshalb wurden an der Technischen Universität Dresden seit einer Reihe von Jahren entsprechende Untersuchungen angestellt, über deren Ergebnisse nachstehend überblicksmäßig berichtet werden soll. Im Laufe der Zeit erwies es sich als zweckmäßig, die experimentellen Arbeiten durch theoretische zu ergänzen, und wir sind der Theoretiker-Gruppe Prof. Dr. P. Ziesche, Sektion Physik der Technischen Universität Dresden, sehr dankbar, daß sie dazu bereit war.

---

[1]) Über statistische Untersuchungen anhand dieser Kartei, insbesondere auch über das gekoppelte Auftreten bestimmter Verbindungstypen, wird berichtet in [5].

Stabilität der Laves-Phasen

Wir beginnen mit der naheliegenden Frage nach denjenigen Eigenschaften, die für die besonders große Häufigkeit der Laves-Phasen verantwortlich sind, obwohl sie von sehr vielen Seiten [6] untersucht worden ist, und daher ihre eingehende Darlegung den durch die obengenannte Zielsetzung gegebenen Rahmen dieses Berichtes sprengen würde. Wir beschränken uns daher auf die heute wohl allgemein akzeptierte Feststellung, daß dafür in erster Linie die geometrischen Besonderheiten der Gitter der Laves-Phasen maßgebend sind (die hier nicht noch einmal besprochen werden sollen), wie dies auch von Laves selbst wiederholt betont worden ist.

Er hat dabei auch auf die Zweckmäßigkeit hingewiesen [7], mit dem Prinzip der Strukturargumente zu arbeiten — wenigstens solange Stabilitätsrechnungen für die konkurrierenden Strukturmöglichkeiten praktisch nicht ausführbar sind — und unter den geometrischen Strukturargumenten für die Bildung intermetallischer Verbindungen drei als besonders wichtig herausgestellt — gute Raumausnutzung, hohe Symmetrie, hohe Konnexion —, die bei den Laves-Phasen sehr gut erfüllt sind.

Die zunächst überraschend scheinende Bewährung der Strukturargument-Methode wird verständlich, wenn man versucht, sie in den Rahmen der thermodynamischen Betrachtungsweise einzuordnen [6b]; dabei wird auch deutlich, warum für verschiedene Gruppen von Stoffen unterschiedliche Strukturargumente gelten müssen.

Ferner konnte gezeigt werden [8], daß das Raumausnutzungsprinzip zweckmäßig als Prinzip größter Dichte formuliert wird. Die Bildung von Laves-Phasen ist nämlich so gut wie immer mit einer erheblichen Dichtezunahme gegenüber dem elementaren Zustand ihrer Komponenten verbunden, und zwar durchaus auch dann, wenn die Raumerfüllung, in üblicher Weise definiert, bei der Verbindungsbildung sinkt, weil sich dabei auch die Atomradien ändern. Andere konkurrierende Phasen weisen keine oder merklich kleinere Dichtezunahmen auf. Die Häufigkeit der Laves-Phasen kann daher als Folge des Strebens metallischer Phasen nach hoher Dichte aufgefaßt werden. Auch die Bildung von Kasper-Polyedern mit den Koordinationszahlen 12, 14, 15 und 16 in intermetallischen Phasen, durch die die Dichte auf Kosten der Symmetrie erhöht wird [7], zeigt die Bedeutung des Strukturarguments hoher Dichte für diese Verbindungen.

Neben geometrischen Strukturargumenten spielen auch elektronische für die Bildung von Laves-Phasen eine Rolle. Auch dies wurde frühzeitig erkannt [4], aber erst im Laufe der Zeit wurde klar, daß es in erster Linie bei der Beteiligung von Übergangsmetallen gilt [9] und außerdem hinsichtlich Detailfragen, wie etwa, welcher der drei Laves-Gittertypen auftritt [10]. Schließlich sei noch die Erkenntnis [11] erwähnt, daß die Realisierung der als notwendig erwiesenen geometrischen Bedingungen einzig in den Gittertypen der Laves-Phasen möglich ist, so daß damit deren stöchiometrisches Verhältnis 1 : 2 und die Bedingung für den idealen Radienquotienten $q_0 = \sqrt{3/2}$, die häufig als selbständiges Strukturargument angegeben wird, durch geometrische Gegebenheiten erklärt werden.[1])

Zur Bezeichnung „Laves-Phasen“

Wie im vorstehenden erwähnt, hat sich die Bezeichnung „Laves-Phasen“ international weitgehend eingebürgert. Es gibt jedoch auch den Versuch, statt dessen die Benennung „Friauf“- oder „Friauf-Laves“-Phasen einzuführen. Deshalb seien hier noch einmal die Gründe für die von uns gewählte Bezeichnung aufgeführt.

Es ist unbestritten, daß J. B. Friauf das Verdienst zukommt, die Atomanordnung von $MgZn_2$ [12] (*C* 14-Typ) sowie von $MgCu_2$ und $CuAl_2$ [13] (*C* 15 und *C* 16) bestimmt

[1]) Es folgen Mitteilungen über aktuelle Forschungsergebnisse, die hier ausgelassen werden. (Anm. d. Herausg.)

zu haben. Die Struktur des ersteren beschreibt er als „eis-ähnlich“, die der beiden anderen Substanzen als „spinell-ähnlich“. Wie in der Einleitung dieses Aufsatzes ausgeführt, hat erst Laves auf Grund seiner Konzeption der Bauzusammenhänge die enge strukturelle Verwandtschaft des Strukturtyps *C* 14 und *C* 15 (und etwas später auch mit *C* 36 ($MgNi_2$)) erkannt und damit den Grund für ihr ähnliches Bindungsverhalten. *Deshalb* ist es zweckmäßig, die Vertreter der Strukturtypen *C* 14, *C* 15 und *C* 36 zusammenzufassen und diese Gruppe nach Laves zu benennen, der ihre Zusammengehörigkeit zuerst erkannt hat und darüber hinaus — geleitet von dem Gedanken ihrer gemeinsamen Gesetzmäßigkeiten — viele neue Vertreter vorausgesagt und bestätigt hat.

Im Gegensatz dazu hatte Friauf, wie angedeutet, gerade die Vertreter der Strukturtypen *C* 15 und *C* 16 als näher verwandt angesehen. Wollte man die Bezeichnung „Friauf-Phasen“ mit Recht verwenden, so müßte man logischerweise die *C* 16-Vertreter mit hinzurechnen und würde damit intermetallische Phasen ganz verschiedener Art zusammenzwingen, so daß die Zusammenfassung unzweckmäßig wäre.

Gleicherweise ist es unberechtigt, die Koordinationspolyeder mit der Koordinationszahl 16, welche die erste Nachbarschaftssphäre der *A*-Atome in den Laves-Phasen AB_2 bilden, Friauf-Polyeder zu nennen, wie es gelegentlich vorgeschlagen wurde (z. B. [14]). Der Gedanke, die zwölf nächsten *B*-Nachbarn und die vier nur wenig weiter entfernten *A*-Nachbarn eines *A*-Atoms zu *einer* Koordinationssphäre mit der Koordinationszahl 16 zusammenzufassen, findet sich noch nicht bei Friauf, sondern seine Zweckmäßigkeit wurde zuerst vom Verfasser erkannt. Da J. S. Kasper zuerst auf die viel allgemeinere Bedeutung solcher Koordinationspolyeder mit Koordinationszahlen $\geqq 12$ (z. B. 14, 15, 16) für intermetallische Phasen hingewiesen hat, schlug Laves [15] vor, sie Kasper-Polyeder zu nennen.

Literaturverzeichnis

[1] Laves, F.: Die Bau-Zusammenhänge innerhalb der Kristallstrukturen. I. und II. Teil. Z. Kristallogr. **73** (1930) 201–265, 275–324

[2] Laves, F., und K. Löhberg: Die Kristallstruktur von intermetallischen Verbindungen der Formel AB_2. Nachr. Ges. Wiss. Göttingen (Neue Folge) **1** (1932) 59–66

[3] Laves, F., und H. Witte: Die Kristallstruktur des $MgNi_2$ und seine Beziehungen zu den Typen des $MgCu_2$ und $MgZn_2$. Metallwirtsch. **14** (1936) 645–649

[4] Schulze, G. E. R.: Zur Kristallchemie der intermetallischen AB_2-Verbindungen (Laves-Phasen). Z. Elektrochem. **45** (1939) 849–865

[5] Leitner, G.: Kristallchemische Betrachtungen zu intermetallischen Verbindungen, Dissertation TU Dresden, 1971

[6] Es sei nur auf einige neuere zusammenfassende Darstellungen hingewiesen, die zum Teil umfangreiche Literaturverzeichnisse bringen: a) Laves, F.: in „Phase stability in metals and alloys", P. S. Rudman, ed., McGraw-Hill, 1967, b) Schulze, G. E. R.: Metallphysik, Akademie-Verlag, Berlin 1967. c) Tesljuk, M. Ju.: Metallverbindungen mit Laves-Phasen-Strukturen. Verlag Nauka, Moskau 1969 (russ.)

[7] Vgl. z. B. Laves, F.: Kristallstruktur und Kristallchemie von Elementen und metallischen Verbindungen. In: Beiträge zur Physik und Chemie des 20. Jahrhunderts. Verlag Friedr. Vieweg & Sohn, Braunschweig 1959

[8] Schulze, G. E. R.: Zur Kristallchemie intermetallischer Verbindungen. Kristall und Technik **1** (1966) 375–386

[9] Nevitt, M. V.: in: Electronic structure and alloy chemistry of the transition elements, P. A. Beck, ed. Interscience, New York 1963

[10] Laves, F., und H. Witte: Der Einfluß von Valenzelektronen auf die Kristallstruktur ternärer Mg-Legierungen. Metallwirtsch. **15** (1936) 840–842

[11] Dehlinger, U., und G. E. R. Schulze: Kristallchemie der Verbindungen vom Typ $MgCu_2$ und $MgZn_2$. Z. Kristallogr. **102** (1940) 377–390

[12] Friauf, J. B.: Crystal structure of $MgZn_2$. Physic. Rev. **29** (1927) 34–40

[13] FRIAUF, J. B.: The crystal structures of two intermetallic compounds. J. Amer. Chem. Soc. **49** (1927) 3107–3114

[14] SAMSON, S.: The crystal structure of the intermetallic compound $ZrZn_{22}$. Acta Crystallogr. **14** (1961) 1229–1236

[15] LAVES, F.: Beiträge zur Physik und Chemie des 20. Jahrhunderts. 1959, 166

14. Zur Rolle des Einfachheitsprinzips im physikalischen Weltbild[1][2]

Einführung

Der Wortlaut des Themas erfordert einige Erläuterungen. Zunächst: Was soll unter „Einfachheitsprinzip" verstanden werden? Lassen Sie mich dies durch Äußerungen führender Physiker umreißen:

Planck [1 a] schreibt in seinem Aufsatz „Zur Geschichte der Auffindung des physikalischen Wirkungsquantums", daß nach seiner Überzeugung ein Naturgesetz um so *einfacher* lautet, je umfassender es ist.

Im gleichen Sinn heißt es in dem Büchlein „The evolution of physics" von Einstein und Infeld [2]: „Bestimmt glaubt er (ein Forscher) aber, daß seine Vorstellung von der Welt *immer einfacher* wird, je mehr sein *Horizont* sich *weitet* ..."

Born [3] hatte in einer Einstein übersandten Schrift geäußert: „In regard to simplicity opinions will differ in many cases. Is Einstein's law of gravitation simpler than Newton's? Trained mathematicians will answer yes, meaning the logical simplicity of the foundations, while others will say emphatically no, because of the horrible complication of the formalism." Einstein machte dazu die Randbemerkung: „Es kommt doch nur auf die logische Einfachheit der Grundlagen an."

---

1) Vorgetragen in der Sitzung der Sächsischen Akademie der Wissenschaften zu Leipzig (Math.-naturw. Kl.) am 14. 5. 1973

2) veröff. in den Sitzungsberichten der Sächsischen Akademie der Wissenschaften zu Leipzig, Math.-naturw. Klasse Bd. 110, Heft 6, Akademie-Verlag, Berlin 1974, 5–23

Nach Heisenberg [4] ist „das wichtigste Wahrheitskriterium unserer Wissenschaft die am Schluß stets aufleuchtende Einfachheit der Naturgesetze".

Diese Zitate seien mit dem Hinweis abgeschlossen, daß sich schon bei Aristoteles und anderen Gelehrten des Altertums der Satz findet: „Die Natur tut nichts Überflüssiges oder Vergebliches". Damit ist wohl deutlich, was hier unter Einfachheitsprinzip verstanden werden soll und außerdem, daß es angesichts der verschiedenen Varianten der Auffassung nicht angemessen wäre, die Betrachtungen durch eine präzise Formulierung einzuengen. Die Mannigfaltigkeit der Ansichten wird noch größer, wenn man etwa folgende Mitteilung des holländischen Physikers Casimir [5] berücksichtigt: Dirac „sagte ganz unmißverständlich, daß für ihn die Schönheit von Gleichungen immer die stärkste treibende Kraft gewesen sei".

Ich hörte eine ähnliche Äußerung von Planck: Nach der Bewährung der allgemeinen Relativitätstheorie gefragt, antwortete er etwa: Die experimentellen Bestätigungen seien wohl noch nicht ausreichend, aber die ganze Theorie sei so schön, daß sie sicher richtig sei. Als ich viel später diese Äußerung einmal Heisenberg mitteilte, bezeichnete er sie als „eigentlich für jeden unmittelbar einleuchtend, der theoretische Physik in eigener Forschung betrieben hat". In einem Vortrag [6] vor der Bayrischen Akademie der Künste über „Die Bedeutung des Schönen in der exakten Naturwissenschaft" steht der Satz: „Die Bedeutung des Schönen für die Auffindung des Wahren ist zu allen Zeiten anerkannt und hervorgehoben worden." Ferner wird dort der Zusammenhang zwischen Schönem und Einfachem näher diskutiert. Wir müssen uns hier aber mit diesem Hinweis begnügen.

Nun zum zweiten im Vortragstitel genannten Begriff, zum „physikalischen Weltbild". Ausgangspunkt und Grundlage aller Physik sind Beobachtungen und Messungen, also letzten Endes sinnliche Wahrnehmungen, und jeder Physiker — abgesehen von extremen Positivisten — nimmt die Existenz einer von ihm unabhängig bestehenden realen Außenwelt an; von ihr erhält er durch jene Kunde, und ihre physikalischen Gesetzmäßigkeiten zu erforschen, ist sein eigentliches Bestreben. Zwischen der Welt der Sinneswahrnehmung und der realen Außenwelt steht als Bindeglied das physikalische Weltbild. In diesem werden die Beobachtungen geordnet und mit Hilfe geeignet erdachter Begriffe (z. B. Energie, Drehimpuls, Entropie, elektromagnetisches Feld) gesetzmäßige Beziehungen zwischen ihnen formuliert. Insofern diese Begriffe Bestandteile des physikalischen Weltbildes sind und von ihrer zweckmäßigen Prägung die Einfachheit der erhaltenen Gesetze in hohem Maße abhängt, bezieht sich die Frage nach der Rolle des Einfachheitsprinzips wesentlich auf das physikalische Weltbild. Da dieses die jeweiligen Ergebnisse der physikalischen Forschung enthält, ist es zeitlich veränderlich, und von seiner Fortentwicklung wird ein immer besseres Verständnis der realen Außenwelt erwartet.

Zu der oft gestellten Frage, ob eine über die vollständige Beschreibung der Beobachtungen hinausgehende Aufgabenstellung überhaupt Aussicht auf Lösung habe, lassen Sie mich bitte den Eingangsabschnitt aus Plancks „Wissenschaftlicher Selbstbiographie“ [1 b] zitieren: „Was mich zu meiner Wissenschaft führte und von Jugend auf für sie begeisterte, ist die durchaus nicht selbstverständliche Tatsache, daß unsere Denkgesetze übereinstimmen mit den Gesetzmäßigkeiten im Ablauf der Eindrücke, die wir von der Außenwelt empfangen, daß es also dem Menschen möglich ist, durch reines Denken Aufschlüsse über jene Gesetzmäßigkeiten zu gewinnen. Dabei ist von wesentlicher Bedeutung, daß die Außenwelt etwas von uns Unabhängiges, Absolutes darstellt, dem wir gegenüberstehen, und das Suchen nach den Gesetzen, die für dieses Absolute gelten, erschien mir als die schönste wissenschaftliche Lebensaufgabe.“

Wir sind überzeugt, daß sich das physikalische Weltbild allmählich der Wirklichkeit nähert; als Beleg dafür hat Planck wiederholt ausgeführt, daß die Zahlenwerte grundlegender Naturkonstanten im Laufe der Zeit einem bestimmten Wert zustreben. Wenn man in diesem Sinn von einer Konvergenz des physikalischen Weltbildes sprechen will, muß man sich darüber klar sein, daß der „Konvergenzpunkt" natürlich nicht die reale Welt insgesamt sein kann, sondern nur ein kleiner Ausschnitt aus ihr, die „Physikalische Welt". Denn das physikalische Weltbild enthält nur solche Aussagen über die Welt, die der Nachprüfung durch *physikalische* Methoden standhalten. In ihm fehlt also notwendigerweise alles das, was auf diese Weise nicht nachprüfbar ist. So selbstverständlich diese Feststellung klingt, so leicht bleibt sie unbeachtet, z. B. wenn jemand aus dem Fehlen bestimmter Sachverhalte im physikalischen Weltbild ihre Nichtexistenz folgern möchte. Sie bleibt wohl auch richtig, wenn man das Wort „physikalisch" durch „naturwissenschaftlich" ersetzt. Denn auch das naturwissenschaftliche Weltbild kann nur einen kleinen, wenn auch gegenüber dem physikalischen erweiterten, Ausschnitt der realen Welt näherungsweise darstellen.

Was nun die Rolle des Einfachheitsprinzips im physikalischen Weltbild betrifft, so ist sie schon in zweifacher Hinsicht sichtbar geworden. Selbst wenn man die Aufgabe des physikalischen Weltbildes allein in der Darstellung der Beobachtungen sähe, bestände die Forderung, sie solle möglichst *einfach* und vollständig erfolgen. Die viel bedeutendere Rolle wird dem Einfachheitsprinzip im physikalischen Weltbild jedoch durch die Aufgabe zugeteilt, ein möglichst umfassendes Verständnis der realen Welt zu liefern. Denn wenn die allgemeinen Naturgesetze einfach sind, so ist damit erstens eine Richtung angegeben, in der neue zu suchen sind, und zweitens eine Bedingung, die sie erfüllen müssen.

Ich möchte diesen Sachverhalt durch einige Beispiele belegen:

1. Die Auffindung der Gesetze der Planetenbewegung,

ein Problem, das im Rahmen des Weltbildes als besonders markant gelten kann und als erstes gelöst wurde.

2. Plancks Auffindung des Strahlungsgesetzes, die zur Entdeckung des elementaren Wirkungsquantums und damit zur Geburtsstunde der modernen Physik führte.

Weiter möchte ich noch zwei Beispiele bringen, die die Grenzen des Einfachheitsprinzips deutlich machen:

3. Der unterschiedliche Charakter der Deutung elastischer und plastischer Verformung.

4. Einige Ergebnisse der musikalischen Akustik.

1. Die Gesetze der Planetenbewegung

Im Jahre der 500. Wiederkehr von Kopernikus' Geburtstag steht jedermann die Bedeutung der gewaltigen — durch sein Werk ausgelösten — Wandlung in der Weltauffassung, der Übergang von dem geozentrischen Ptolemäischen zum heliozentrischen Weltbild, besonders deutlich vor Augen. Weniger klar ist man sich aber meist darüber, daß zu Kopernikus' Zeiten fast alle Tatsachen, die wir als Beweise für die Richtigkeit seiner Auffassung anführen, noch gar nicht bekannt waren: die Aberration des Fixsternlichtes (Bradley 1728), die Parallaxe der Fixsterne (Bessel 1838), der Foucaultsche Pendelversuch (1851).

Übrigens hatte selbst der Meister astronomischer Beobachtungen im 16. Jahrhundert, Tycho de Brahe, noch vergeblich nach der Fixsternparallaxe gesucht, ebenso wie 2000 Jahre früher der erste Vertreter eines heliozentrischen Weltsystems, Aristarch von Samos (310—230), und wie auch der vielleicht größte Astronom des Altertums, Hipparch von Nikäa (180—125). Aber die Ursache dafür, daß das heliozentrische Weltbild Aristarchs gegenüber dem geozentrischen des Ptolemäus (85—165) ganz in den Hintergrund trat und fast in Vergessenheit geriet — immerhin wird es von Kopernikus erwähnt —, liegt wohl zum großen Teil darin, daß Ptolemäus auf Grund seines quantitativ ausgearbeiteten Systems die Sternbewegung mit beachtlicher Genauigkeit berechnen konnte, so daß seine Tafeln für navigatorische Zwecke zum Teil noch heute in Gebrauch sein sollen.

Kopernikus (1473—1543) arbeitete in ähnlicher Weise seine Vorstellungen bis zu einem Grade aus, daß auf dieser Grundlage neue Sterntafeln errechnet werden konnten, was allerdings erst nach seinem Tode durch Erasmus Reinhold, Professor der Mathematik und Astronomie in Wittenberg, geschah (1551). Diese sogenannten prutenischen oder preußischen Tafeln erwiesen sich den älteren in der Tat überlegen, aber Kopernikus hat es nicht mehr erlebt.

Welche Gründe überzeugten ihn von der Richtigkeit seiner Idee? Hier spielt sein Glaube an die platonische Lehre, daß die Himmelserscheinungen ausschließlich durch die vollkommenste Bewegung, die Kreisbewegung mit konstanter Geschwindigkeit, also durch eine besonders einfache Bewegung, beschrieben werden müßten, eine ausschlaggebende Rolle. Ein solches Weltbild hatte Platos Schüler, der große Mathematiker und Vorläufer Euklids, Eudoxos entworfen, Aristoteles hatte es erweitert: Eine große Zahl (55) konzentrischer Sphären, deren Mittelpunkte mit dem Erdmittelpunkt zusammenfallen, drehen sich um verschiedene Achsen mit unterschiedlicher, aber zeitlich konstanter Geschwindigkeit und liefern dadurch die beobachtete Planetenbewegung (Abb. 14.1). Die Notwendigkeit, eine genaue Übereinstimmung mit der Erfahrung zu erreichen, zwang im Laufe der 500 Jahre zwischen Eudoxos und Ptolemäus dazu, Kreise zuzulassen, deren Mittelpunkt vom Erdmittelpunkt verschieden ist (Exzenter), sowie Epizyklen und Äquanten (Ausgleichskreise) einzuführen.

Aber selbst durch die Einführung der Ausgleichskreise wurde die Forderung nach gleichförmiger Kreisbewegung höchstens in sehr formaler Weise befriedigt, wenn man sie überhaupt noch als erfüllt ansehen will: Der Epizykel-Mittelpunkt (E) durchläuft zwar eine Kreisbahn (den Deferenten), aber mit ungleichförmiger Geschwindig-

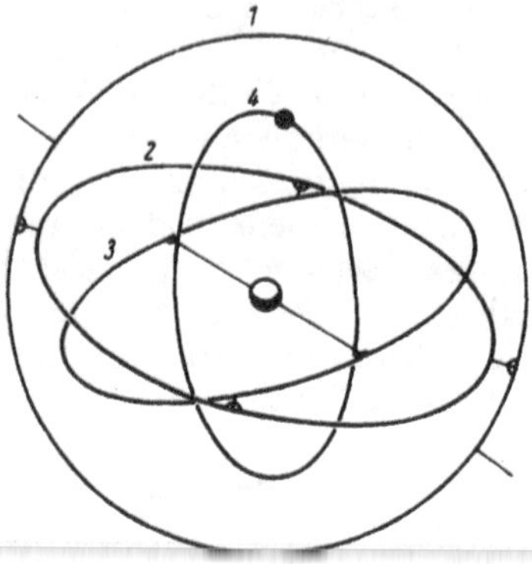

Abb. 14.1. EUDOXOS' Weltsystem. Die Sterne (z. B. schwarze Kugel) sind an konzentrische Sphären geheftet, in deren Mittelpunkt die Erde (weiße Kugel) steht. Die durch Kreise dargestellten Sphären, deren äußerste die Fixsterne trägt, drehen sich um unterschiedliche Achsen mit unterschiedlichen, aber zeitlich konstanten Geschwindigkeiten

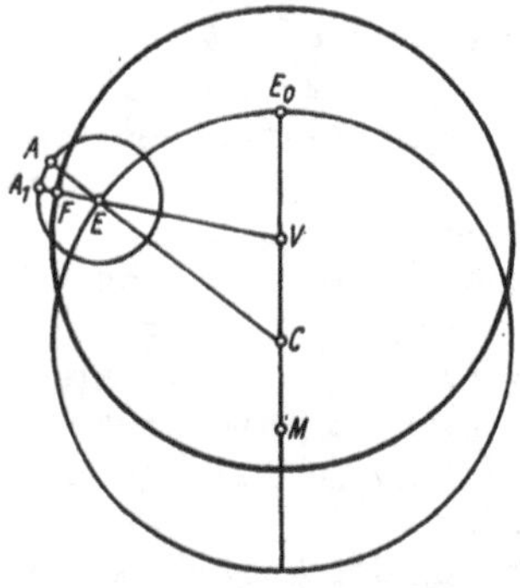

Abb. 14.2. Der Planet läuft auf dem Epizykel (kleiner dünner Kreis) um. Dessen Mittelpunkt E läuft auf dem Deferenten (großer dünner Kreis mit Mittelpunkt C) ungleichförmig um derart, daß sich zwar nicht der Winkel E_0CE proportional zur Zeit ändert, wohl aber der Winkel E_0VE. Der stark gezeichnete Ausgleichskreis (Mittelpunkt V) wird also von F gleichförmig durchlaufen.

keit. Gleichförmig ist die Bewegung allerdings bezüglich eines anderen Kreises (Ausgleichskreis), das heißt, der Planet durchläuft den Epizykel gleichförmig zur Richtung VEA_1, aber nicht zu CEA (Abb. 14.2).

Dazu sagt Kopernikus [7]: „Als mir diese Mängel klargeworden waren, dachte ich oft darüber nach, ob vielleicht ein vernünftigeres System von Kreisbahnen zu finden sei, das die beobachteten Ungleichmäßigkeiten abzuleiten gestattete und in den jede Bewegung gleichförmig um ihr eigenes Zentrum erfolgt, wie es das Gesetz absoluter Bewegung fordert. Nachdem ich mich diesem sehr schwierigen, fast unlösbaren Problem zugewandt hatte, kam mir schließlich der Gedanke, wie es mit weniger und viel einfacheren Konstruktionen als den früheren gelöst werden könne..."

Kopernikus erreichte dies bekanntlich, um mit Kant zu reden, durch die „Kopernikanische Wende", daß er — wie schon Aristarch von Samos — die Erde an der Planetenbewegung teilnehmend und die Sonne stillstehend dachte. Auf diese Weise konnte er ohne Ausgleichskreise auskommen und somit dem Platoschen Prinzip der vollkommenen Bewegung in Strenge Rechnung tragen. Jedoch mußte er, um trotz dieser Beschränkung auf gleichförmige Kreisbewegungen eine hinreichend genaue Wiedergabe der Beobachtungen zu erreichen, Exzentren und Epizyklen beibehalten und zwar in erheblicher Anzahl, so daß das vollständige ausgearbeitete Kopernikanische System kaum einfacher als das Ptolemäische ist. Kopernikus selber scheint auch am Ende seines Lebens weder in einer Vereinfachung des Weltsystems, noch im Übergang zum heliozentrischen Weltbild sein Verdienst gesehen zu haben, sondern vielmehr in der Vermeidung der Äquanten, deren Benutzung er als Sünde wider den Geist Platos empfand. Er meinte also, der Nachweis der Gültigkeit des einfachen Platoschen Grundprinzips der vollkommenen Bewegung sei ihm gelungen, wenn er auch die anfangs erhoffte Vereinfachung des Systems nicht erreicht habe.

Es gehört zu Keplers kaum hoch genug einzuschätzenden Leistungen, daß er auf Grund des Beobachtungsmaterials von Brahe in bewundernswerter, unsäglich mühevoller Arbeit erkannte, die Planetenbahnen seien von Kreisen wenig verschiedene Ellipsen, in deren einem Brennpunkt die Sonne stehe. Damit erzielte er eine entscheidende Vereinfachung des Bildes des Planetensystems, das allerdings nicht dem antiken Postulat der vollkommenen Bewegung entspricht.

Keplers Ellipsen werden von den Planeten nicht mit konstanter, sondern mit veränderlicher Geschwindigkeit durchlaufen. Die Bahngeschwindigkeit, die bei Aufgabe des Postulates konstanter Geschwindigkeit zunächst als neue verfügbare Größe erscheint, wird sofort in äußerst einfacher Weise durch Keplers zweites Gesetz festgelegt, modern ausgedrückt, durch den Erhaltungssatz des Drehimpulses, den wir heute als Folge der Isotropie des Raumes ansehen.

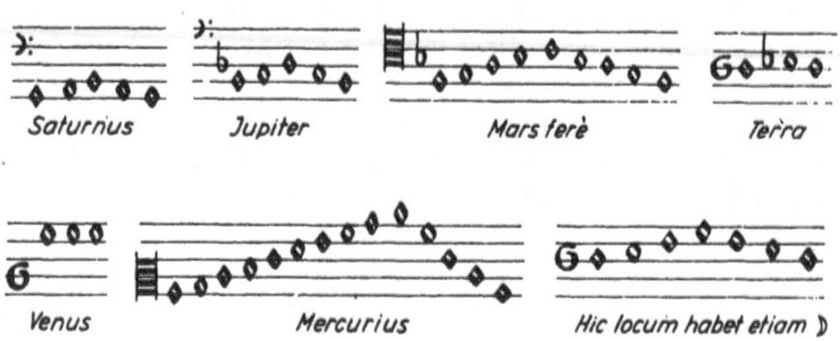

Abb. 14.3. Tonstufen, welche die einzelnen Planeten zwischen der Minimalgeschwindigkeit im Aphel und der Maximalgeschwindigkeit im Perihel durchlaufen. Der tiefste Ton entspricht jeweils der Minimalgeschwindigkeit (Aus JOHANNES KEPLER, Harmonice mundi, liber V, caput VI [8].)

Diese Veränderlichkeit der Planetengeschwindigkeit hat nach Kepler eine bemerkenswerte Folge: Wie er in seiner Harmonice mundi eingehend auseinandersetzt, liegen der Planetenbewegung die gleichen Zahlengesetze zugrunde wie den musikalischen Harmonien;

allerdings gibt es im Himmel keine Töne, „dort ist die Bewegung nicht wirbelnd“, sagt er, „daß Schall aus der Reibung des Himmelsstoffes entstehen könnte“. Während nun bei Planetenbewegung mit konstanter Geschwindigkeit ein einziger Dauerakkord zu hören wäre, würde die Veränderung der Geschwindigkeit zwischen einem Minimal- und einem Maximalwert zu veränderlichen Akkorden führen, zu einer wahren „Sphärenmusik“, die Kepler durch Notenbeispiele illustriert hat (Abb. 14.3).

Die höchste und letzte Stufe der Vereinfachung der Planetenbewegung wurde durch die Newtonsche Mechanik erreicht (wenn wir von deren relativistischer Verallgemeinerung einmal absehen). Bei ihrer Anwendung auf die Planetenbewegung ist in das Grundgesetz einzig die Gravitationskraft Sonne/Planet — aber nicht etwa noch eine Reibungskraft — einzusetzen, und insofern hat man gedanklich besonders einfache Verhältnisse, wenn auch gelegentlich die Notwendigkeit, zur Erreichung der gewünschten Genauigkeit den Einfluß von mehr als einem Himmelskörper auf den betrachteten zu berücksichtigen, große mathematische Schwierigkeiten machen kann. Immer ist es aber gelungen, beobachtete Bahnabweichungen — ohne Zusatzannahmen zur Theorie — durch solche „Störungen“ zu erklären, bisweilen auch hervorgerufen durch bis dahin noch nicht bekannte Himmelskörper. Auf diese Weise wurden die Planeten Uranus (1781 Herschel), Neptun (1846 Galle) und Pluto (1930 Tombaugh) entdeckt.

Da das Newtonsche Bewegungsgesetz aber nicht nur für die Bewegungen der Planeten und Kometen gilt, sondern für jede Bewegung, wo immer und unter welcher Krafteinwirkung sie auch erfolgen mag, gestattet es die Zurückführung des Vielen auf das Eine in hohem Maße und gilt mit Recht als Musterbeispiel eines sehr einfachen Naturgesetzes mit großem Gültigkeitsbereich. Aber wenn auch das Gesetz selber einfach ist, so trifft dies keineswegs für die von ihm beherrschten Bewegungen zu, sobald die Kräfte nicht mehr mindestens näherungsweise einfach sind, wie dies bereits angedeutet wurde.

2. Ableitung des Strahlungsgesetzes

Es handelt sich um folgendes Problem: Ein genügend stark erhitzter Körper, z. B. der Draht einer Glühlampe, strahlt Licht aus, bei mäßiger Temperatur rotes, bei etwas höherer überwiegend gelbes, und bei sehr hoher Temperatur kommt auch grünes und blaues hinzu, so daß das ausgestrahlte Licht insgesamt weiß erscheint. Die Frage liegt nahe: Mit welcher Intensität werden bei einer bestimmten Temperatur die einzelnen Farben ausgestrahlt? Die Antwort wird für einen glühenden Eisenstab anders lauten als für einen Wolframdraht, aber das Interessante ist, daß sie unabhängig von dem Material des Strahlers wird, wenn man nur dafür sorgt, daß er alles von außen auf ihn fallende Licht vollständig absorbiert, also schwarz ist. Diese Tatsache, daß bei einem schwarzen Körper die auf ein bestimmte Farbe oder — physikalisch gesprochen — Wellenlänge entfallende Strahlungsintensität einzig und allein durch die Temperatur bestimmt ist, mithin durch eine universelle Temperaturfunktion dargestellt wird, hatte schon Kirchhoff (1860) erkannt.

Wegen dieser Abhängigkeit von nur zwei veränderlichen Größen (Temperatur und Wellenlänge) ist das Strahlungsgesetz hinsichtlich der Zahl der Variablen von vornherein einfach, wie die fragliche Abhängigkeit auch aussehen mag. Man beachte aber, daß diese Einfachheit durch eine Idealisierung erkauft ist, denn in Wirklichkeit existiert natürlich kein vollkommen schwarzer Körper.

In welchem Maße Planck beim Auffinden seiner Strahlungsformel für den schwarzen Körper durch das Einfachheitsprinzip geleitet — und interessanterweise auch vorübergehend irregeführt — worden ist, entnehmen wir am besten seiner eigenen Darstellung in seinem Nobel-Vortrag [1c]. Dazu ist aber noch eine kurze Erläuterung der dort auftretenden Größe R zweckmäßig: Als Quellen der Strahlung werden in idealisierender Weise einfachste schwingungsfähige Gebilde, sogenannte „harmonische Oszillatoren", betrachtet. Planck schreibt in seiner wissenschaftlichen Selbstbiographie [1d] dazu: „In der Tat kamen mir meine früheren Studien über den 2. Hauptsatz der Wärmetheorie dadurch zugute, daß ich gleich von vornherein darauf verfiel, nicht die Temperatur, sondern die Entropie des Oszillators mit seiner Energie in Beziehung zu bringen." Die fragliche Größe R ist nun der reziproke Wert der zweiten Ableitung der Entropie S nach der Energie U: $R = 1 : (\mathrm{d}^2S/\mathrm{d}U^2)$. Für diese gewiß nicht sehr anschauliche Größe fand Planck allerdings sehr einfache Beziehungen zur Energie. Doch hören wir ihn darüber selbst:

„Da es sich bei dem ganzen Problem um ein universelles Naturgesetz handelt und da ich damals, wie noch heute, von der Ansicht durchdrungen war, daß ein Naturgesetz um so einfacher lautet, je allgemeiner es ist, wobei allerdings die Frage, welche Formulierung als die einfachere zu betrachten ist, nicht immer zweifelsfrei und endgültig entschieden werden kann, so glaubte ich eine Zeitlang in dem Satz, daß die Größe R der Energie proportional ist, das Fundament des ganzen Energieverteilungsgesetzes erblicken zu sollen. Diese Auffassung erwies sich aber bald den Ergebnissen neuerer Messungen gegenüber als unhaltbar. Während sich nämlich für kleine Werte der Energie bzw. für kurze Wellen das Wiensche Gesetz auch in der Folge ausgezeichnet bestätigte, stellten für längere Wellen zuerst O. Lummer und E. Pringsheim merkliche Abweichungen fest, und vollends die von H. Rubens und F. Kurlbaum mit den ultraroten Reststrahlen von Flußspat und Steinsalz ausgeführten Messungen offenbarten ein total verschiedenartiges, aber ebenfalls unter Umständen wieder höchst einfaches Verhalten, welches sich dahin charakterisieren läßt, daß die Größe R nicht der Energie, sondern dem Quadrat der Energie proportional ist, und zwar mit um so größerer Genauigkeit, zu je größeren Energien und Wellenlängen man übergeht.

So waren nun durch direkte Erfahrung für die Funktion R zwei einfache Grenzen festgelegt: für kleinere Energien Proportionalität mit der Energie, für große Energien Proportionalität mit dem Quadrat der Energie. Nichts lag daher näher, als für den allgemeinen Fall die Größe R gleichzusetzen der Summe eines Gliedes mit der ersten Potenz und eines Gliedes mit der zweiten Potenz der Energie, so daß für kleine Energien das erste, für große Energien das zweite Glied ausschlaggebend wird, und damit war die neue Strahlungsformel gefunden.“

Sie war also zunächst nur „eine glücklich erratene Interpolationsformel“, wie Planck fortfährt, und es kostete ihn noch einige Wochen der angespanntesten Arbeit seines Lebens, bis er eine theoretisch begründete Ableitung vorlegen konnte, die ihn bekanntlich zur Einführung des elementaren Wirkungsquantums geführt hat. Halten wir fest: Die damit vollzogene Begründung der modernen Physik hatte — historisch gesehen — die „Interpolationsformel“ zur Voraussetzung, und diese war auf Grund des Glaubens an die Einfachheit allgemeiner Naturgesetze gefunden worden.

Wir haben bei den betrachteten Beispielen gesehen, daß zwei Prinzipien zum Auffinden einfacher Gesetzmäßigkeiten beitragen: 1. Die Schaffung geeigneter Begriffe, meist von steigender Abstraktion (Drehimpuls, Entropie) und 2. die Idealisierung der wirklichen Vorgänge (reibungslose Bewegung, schwarze Strahlung). Während man für das Fortschreiten auf dem ersten Wege kein prinzipielles Hindernis erkennt, sofern man den Verlust an Anschaulichkeit in Kauf zu nehmen bereit ist, findet die Idealisierung natürlich dadurch eine Grenze, daß auch unter idealisierten Bedingungen erhaltene Ergebnisse noch im Hinblick auf die realen Verhältnisse Bedeutung haben müssen. Das sollen die folgenden Beispiele illustrieren.

3. Elastische und plastische Verformung von Metallen

Hängt man an einen Eisendraht ein kleines Gewichtsstück, so dehnt er sich ein wenig aus und zieht sich nach Wegnehmen des Gewichtsstückes wieder auf seine ursprüngliche Länge zusammen: Die Dehnung erfolgte elastisch. Wendet man aber eine große Belastung an, so bleibt auch nach deren Wegnehmen eine Dehnung zurück. Auf der Möglichkeit, Metalle durch eine solche plastische Verformung in eine gewünschte Gestalt zu bringen, beruht zu einem großen Teil ihre Eignung als Werkstoff. Von ihr machen die Menschen seit Jahrtausenden Gebrauch, d. h., so lange sie aus Metallen Waffen, Werkzeuge und Gebrauchsgegenstände herstellen. Dennoch sind die physikalischen Grundlagen der plastischen Verformung erst in den letzten Jahrzehnten verstanden worden, während für die elastische Verformung das Hookesche Gesetz schon vor 300 Jahren gefunden wurde. E. Schmid, der große Verdienste um die Aufklärung der Plastizität besitzt, schrieb noch 1929 in einem gemeinsamen Aufsatz [9] mit M. Polanyi: „Noch immer ist es unbekannt, wodurch jenes Versagen fester Körper bedingt ist, das als Zerreißen oder Verformung wahrgenommen wird, wenn das Material über ein gewisses Maß angespannt wird."

Was ist die Ursache dieser unterschiedlichen Situation? Sie liegt meines Ermessens zum großen Teil in der verschiedenen Eignung beider Phänomene zur Idealisierung, und zwar kann man die elastischen Kennwerte eines Stoffes in guter Näherung als von seiner Vorgeschichte unabhängig ansehen, die plastischen im allgemeinen jedoch nicht.

Beispielsweise ist das Volumen eines Stückes Eisen durch Druck und Temperatur vollständig festgelegt, also von seiner Vorgeschichte unabhängig, ebenso der sein elastisches Verhalten bestimmende Elastizitätsmodul. Wenn man solche Größen in Abhängigkeit von Druck und

Temperatur einmal ermittelt hat, wie es für Eisen natürlich längst geschehen ist, so ist damit das elastische Verhalten jeden Stückes Eisen unter beliebigen Bedingungen angebbar.

Im Gegensatz dazu beruht die Plastizität auf einem bestimmten Typ von Kristall-Baufehlern, den Versetzungen, die praktisch in jedem Metall vorhanden sind. Aber ihre Anzahl und räumliche Verteilung sind nicht durch die augenblicklichen Werte von Druck und Temperatur festgelegt, sondern hängen stark von der Vorgeschichte der betrachteten Metallprobe ab. Wurde sie ganz langsam aus der Schmelze abgekühlt, so enthält sie weniger Versetzungen, als wenn sie plötzlich abgeschreckt oder als wenn die langsam abgekühlte Probe anschließend einer Verformung unterworfen wurde. Infolgedessen weist diese *eine* Probe nach den drei genannten Behandlungsmethoden ein ganz verschiedenes plastisches Verhalten auf: Dieses hängt von der Vorgeschichte der speziell betrachteten Probe ab und kann deshalb nicht so einfachen Gesetzen gehorchen wie die vorgeschichts*un*abhängige Elastizität.

4. Musikalisch-akustische Probleme

Vielleicht noch deutlicher als in den soeben besprochenen Beispielen zeigt sich die Grenze der Idealisierbarkeit eines physikalischen Sachverhaltes in der letzten Beispielgruppe, die ich der musikalischen Akustik entnehmen möchte. Natürlich beschränken wir uns dabei auf die physikalische Seite, reden also nur von den physikalischen Entsprechungen der Tonhöhen- und Klangfarbeempfindungen und nicht von diesen Empfindungen selbst. An diesen Beispielen liegt mir besonders deshalb, weil sie auch im Hinblick auf die eingangs erwähnten Beziehungen zwischen Einfachheit und Schönheit aufschlußreich sind.

Schon Pythagoras oder zumindest seiner Schule war

bekannt, daß die Saite eines Musikinstrumentes Töne liefert, die in einem harmonischen, d. h. angenehm klingenden Verhältnis zueinander stehen, wenn sich die Längen der tönenden Saitenabschnitte durch kleine ganze Zahlen (<7) ausdrücken lassen. Auf dieser Erkenntnis wurde nicht nur ein Tonsystem aufgebaut, sondern die Deutung der Harmonie durch einfache Zahlenverhältnisse wurde auf alle möglichen Gebiete übertragen und selbst zur Erklärung des Aufbaus der Sternenwelt herangezogen, wie uns dies auch bei Kepler entgegentrat.

Wir wollen einen Augenblick das pythagoräische Tonsystem betrachten, weil hier deutlich wird, wie schnell die durch die Forderungen der Praxis notwendig werdende Modifikationen eine Entfernung von dem anfänglich sehr einfachen Prinzip bewirken können. Allerdings sehen wir dabei die Tonhöhe nicht als durch die Saitenlänge, sondern im Anschluß an Galilei als durch die Anzahl der Schwingungen der Saite pro Sekunde charakterisiert an.

Die Grundlage der pythagoräischen Stimmung ist die Quinte, bei der die Schwingungszahl 3/2 mal so groß wie beim Ausgangston ist, außerdem nimmt man, wenn auch nicht ursprünglich, die Oktave mit dem Schwingungszahlverhältnis 2 : 1 hinzu. Schon bei der Bildung eines so wichtigen Intervalls wie der Terz treten Komplikationen auf. Vier Quintenschritte aufwärts ergeben, in die Grundoktave zurück projiziert, die Schwingungszahl $(3/2)^4(1/2)^2 = 81/64$. Bei einem so harmonischen Intervall wie der Terz sollte man ein durch *kleine* ganze Zahlen ausdrückbares Schwingungszahlverhältnis erwarten. In der Tat liegt der genannte pythagoräische Wert nahe bei $80/64 = 5/4$. Das durch dieses einfache Schwingungszahlverhältnis festgelegte Intervall, das also etwas kleiner als die pythagoräische Terz ist, nennt man die *reine* (große) Terz.

In der sogenannten natürlichen Stimmung (auch reine Stimmung genannt), ist einer möglichst großen Anzahl von Ton-Intervallen ein *einfaches* Schwingungszahlverhältnis zugrunde gelegt, z. B. der großen Terz eben 5/4 und nicht 81/64 wie in der pythagoräischen Stimmung. Der konsequente Ausbau dieses Systems führt aber zu Schwierigkeiten durch die große Anzahl der benötigten Tonstufen (z. B. cis neben des usw.), wenn eine Modulation durch alle Tonarten möglich sein soll, wie es die neuere Musik erfordert. Dies würde eine praktisch nicht tragbare Vergrößerung für Instrumente mit festen Tönen, z. B. Tasteninstrumente, bedeuten. Gelegentlich sind solche Instrumente für Versuchszwecke gebaut worden, etwa das Helmholtzsche Harmonium oder das noch größere von C. Eitz mit 104 Tonstufen in der Oktave bei $4^1/_2$ Oktaven Tonumfang.

Den Ausweg brachte bekanntlich die gleichbleibend temperierte Stimmung von Andreas Werkmeister (1701). Bei ihr ist die Oktave das einzige Intervall, welches genau das Schwingungszahlverhältnis der natürlichen Stimmung beibehält, in zwölf gleichgroße Halbtonschritte $\left(\sqrt[12]{2} = 1{,}059\right)$ geteilt. Es gibt also innerhalb eines Ganztonschrittes nur *einen* Halbton (z. B. cis = des). Die relative Lage einiger Intervalle bei verschiedener Stimmung ist in Abbildung 14.4 dargestellt. Die zwölfstufige gleichschwebende temperierte Stimmung, die durch Bachs „Wohltemperiertes Klavier" stark propagiert wurde, ist heute „prinzipiell" ausschließlich in Gebrauch.

Unser Problem verbirgt sich hinter dem Wort „prinzipiell". Klaviere und andere Instrumente werden zwar gleichschwebend gestimmt; aber eine mit elektronischen Hilfsmitteln durchgeführte Untersuchung von Konzertflügeln, die für öffentliche Konzerte von besten Stimmern gestimmt wurden, ergab starke Abweichungen (bis 1%) vom Sollwert der gleichschwebenden Stimmung. Die Stimmer gaben übereinstimmend an, daß sie bewußt die Oktaven — also das einzige noch reine Intervall — in den höheren Lagen zu hoch stimmten (wegen der Brillanz des Spieles!), aber sonst gleichschwebend stimmten, insbesondere keine Tonartenunterschiede heraus-

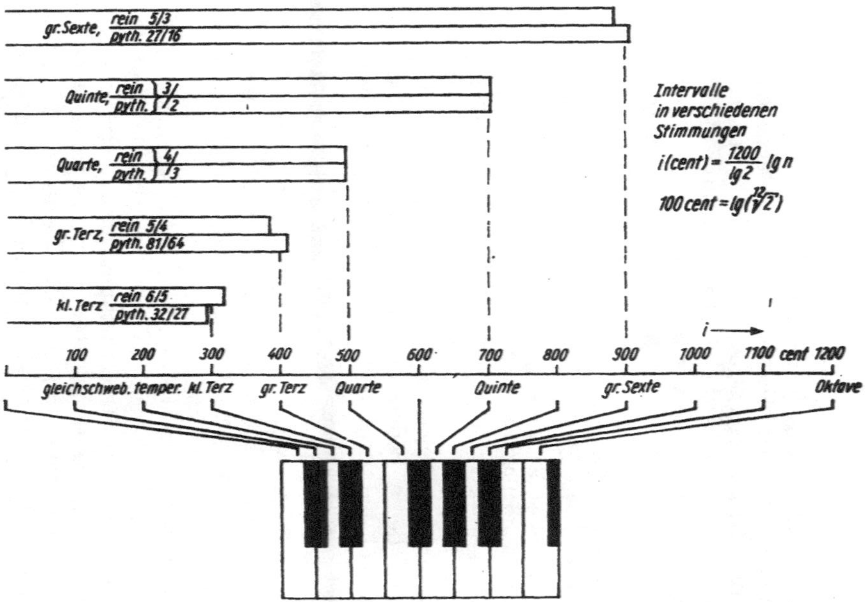

Abb. 14.4. Einige musikalische Intervalle in verschiedenen Stimmungen. Das Intervallmaß ist dem Logarithmus des Schwingungszahl-Verhältnisses in proportional. (Für die Grenze des Tonunterscheidungsvermögens des Ohrs wird bei 1000 Hertz etwa 0,3% entsprechend 5 cent angegeben; so groß ist z. B. der Unterschied zwischen gleichschwebend temperierter und pythagoräischer kleiner Terz)

arbeiteten. Dennoch zeigte sich, daß auf die schwarzen Obertasten im Mittel mehr zu tiefe Intervalle entfielen als auf die weißen und, da Akkorde mit zu tiefer Terz *und* Quinte als dunkel und weich empfunden werden, solche mit zu hohen Terzen und Quinten dagegen als strahlend, wirkte z. B. fis-Dur (nur Obertasten) weich gegen das strahlende c-Dur. Eine mit elektronischen Hilfsmitteln auf $^1/_2$% genau hergestellte wirklich gleichschwebende Stimmung ergab in allen Tonarten sehr saubere, weiche Tonverbindungen, aber keinerlei Tonartenunterschiede.

Wenn nun die gleichschwebend temperierte Stimmung in der Musikpraxis selbst bei Tastinstrumenten nicht die überragende Rolle spielt, wie oft angenommen wird, so liegt das nicht etwa daran, daß der Mensch die einfache „natürliche" Stimmung eben doch bevorzugt und auch bevorzugen sollte, sobald keine Notwendigkeit zur Benutzung der gleichschwebenden Stimmung besteht, etwa bei Streichmusik oder Gesang: ein Standpunkt, den z. B. Helmholtz nachdrücklich vertreten hat.

Die Musikpraxis verfährt aber anders. Da ich von Planck wußte, daß er auf dem Helmholtzschen und dem Eitzschen Harmonium Musik in der natürlichen Stimmung gespielt und deren Bedeutung für die Musikpraxis studiert hat [1e], bat ich ihn vor Jahrzehnten um Mitteilung seiner Ansicht zu dieser Frage. Er faßte sie so zusammen: „Ich bin überzeugt, daß Helmholtz niemals Musik in natürlicher Stimmung gehört hat, außer auf seinem Harmonium. Die natürliche Stimmung, so interessant sie ist, bleibt stets Theorie. Mit der praktischen Musik hat sie nichts zu tun."

Diese Auffassung wurde durch viele mit elektronischen Hilfsmitteln durchgeführte Untersuchungen bestätigt, z. B. durch Schallplattenaufnahmen des Variationssatzes aus Haydns Kaiserquartett, von sechs verschiedenen Streichquartetten gespielt. Die Bestimmung der genauen Größe der Intervallschritte ergab [10] bei allen Aufnahmen starke Abweichungen von der gleichschwebenden Stimmung, interessanterweise aber in den Fällen, wo sich diese stark von der natürlichen unterscheidet (große Terzen und große Sexten) nicht auf diese zu, sondern gerade von ihr weg (und auf die pythagoräische Stimmung zu). Hier liegt also keine Erziehung zu den gleichschwebenden Intervallen vor, und die „natürlichen" wirken nicht besonders anziehend.

Auch der langjährige Leiter des als besonders rein singend bekannten Dresdner Kreuzchors, Professor R. Mauersberger, bestätigte mir, daß dieser selbst bei a capella Gesang nicht in natürlicher Stimmung singt.

Überhaupt wird auch von ausgebildeten Sängern oft sogar unrein gesungen. Eine Untersuchung [11] ergab zum Beispiel, daß bei 25% der Töne die geforderte Tonhöhe nicht erreicht wurde, bei den übrigen 75% nur während eines Bruchteiles der Notendauer. Aber keineswegs empfindet man jede Abweichung von der vorgeschriebenen Schwingungszahl, d. h. jede physikalische Unreinheit, auch als musikalische.

Daß Tonhöhenschwankungen nicht als solche wahrgenommen werden, sondern als Klangfarbeneffekte, ist übrigens keine seltene Erscheinung. Die Tonhöhenempfindung ist eben keineswegs allein durch die Schwingungszahl der Schallwelle bestimmt. Dabei spielt z. B. auch die Tonstärke eine Rolle; ein Ton konstanter Höhe scheint nämlich beim Anschwellen tiefer zu werden. Ich bin nicht sicher, ob damit der folgende, den Opernpraktikern bekannte Effekt gedeutet werden kann, für den ich allerdings eine andere Erklärung noch nicht finden konnte: Wenn ein Opernchor, von hinter der Bühne kommend, diese singend betritt, muß er gegenüber dem Orchester wesentlich zu hoch — bis zu 1/4 Ton, je nach Entfernung hinter der Bühne — angestimmt haben, damit im Zuschauerraum der Eindruck der Übereinstimmung besteht.

Ebenso wie die Tonhöhenempfindung nicht einfach durch die Schwingungszahl einer Schallwelle bestimmt wird, ist die Klangfarbe nicht durch das Obertonspektrum allein festgelegt, sondern wesentlich auch durch den zeitlichen Verlauf des Klanges, hinsichtlich sowohl der auftretenden Teiltöne als auch ihrer Stärke. Wichtige Erkenntnisse verdankt man auch hier der elektronischen Untersuchungsmethode. Insbesondere hat sich bei der Klangsynthese gezeigt, daß physikalisch einfache Klänge, z. B. praktisch obertonfreie, wie man sie nur mit elektronischen Geräten erzeugen kann, nicht besonders angenehm, sondern im Gegenteil sehr fade wirken, so daß man bei elektronischen Musikinstrumenten bewußt Obertöne, z. T. auch unharmonische, hinzugibt, d. h. im Interesse der musikalischen Wirksamkeit auf physikalische Einfachheit verzichten muß.

Im Rahmen dieser Ausführung kann darauf nicht näher eingegangen werden; ich hoffe aber, das über die musikalische Akustik Gesagte hat nicht nur gezeigt, daß die Praxis — auch die musikalische — der Idealisierung durch vereinfachende Annahmen enge Grenzen setzt (dies haben auch die anderen Beispiele getan, und das würden viele weitere gleichfalls tun), sondern auch, daß gerade die Feinheiten, die die besondere Schönheit einer guten Musikdarbietung ausmachen, durch das Physikalisch-Einfache nicht zu erfassen sind.

Zusammenfassung

Was zeigen die besprochenen Beispiele im Hinblick auf unser Thema?

Die Bewährung des Einfachheitsprinzips beim Auffinden neuer Gesetzmäßigkeiten bedeutet, daß es immer wieder gelingt, gar nicht einfach erscheinende Vorgänge in der realen Welt auf relativ einfache Weise mittels von Menschen ersonnener Begriffe gesetzmäßig zu verknüpfen. (So konnte, wie wir gesehen haben, die schwierige Frage nach der Abhängigkeit der Geschwindigkeit eines Planeten von seinem Sonnenabstand mit Hilfe des Begriffes des Drehimpulses durch die einfache Aussage beantwortet werden, daß die Geschwindigkeit durch die zeitliche Unveränderlichkeit des Drehimpulses festgelegt ist.)

Unabhängig von der Ursache dieser Möglichkeit ist ihre Existenz und der Glaube an sie für jeden Forscher von ausschlaggebender Bedeutung, wie das folgende Zitat aus dem genannten Buch [2] von Einstein—Infeld unterstreichen mag: „Ohne den Glauben daran, daß es grundsätzlich möglich ist, die Wirklichkeit durch unsere theoretische Spekulation begreiflich zu machen, ohne den Glauben an die innere Harmonie unserer Welt, könnte es keine Naturwissenschaften geben."

Weiter hat sich gezeigt, daß zur Erreichung einfacher Gesetze wohl immer eine Idealisierung der Bedingungen notwendig ist. Eine möglichst wirksame und doch zuverlässige zu finden, ist natürlich einerseits eine Frage der Intuition des Forschers, aber andererseits spielt hier auch das behandelte Problem eine entscheidende Rolle. Zum Beispiel ist bei der Planetenbewegung einfach keine merkliche Reibung vorhanden, beim freien Fall gehörte die Genialität eines Galilei dazu, von ihr abzusehen: Er gewann auf diese Weise die Kenntnis des Bewegungsablaufes bei konstanter Kraft, und das rechtfertigte die Vernachlässigung der Reibung. Wer jedoch Galileis Wurfparabel zur Bestimmung der Reichweite eines Geschosses benutzen wollte, würde bitter enttäuscht werden; er könnte, je nach den Bedingungen, z. B. die doppelte der wirklichen Reichweite errechnen, weil die getroffenen Vernachlässigungen im Hinblick auf diese Aufgabe ganz unzulässig sind.

Auf das Gesamtgebiet der Physik gesehen überwiegen leider Fragestellungen der letztgenannten Art, d. h. meist ist den zulässigen Idealisierungen im Hinblick auf die Verwertbarkeit der Ergebnisse eine enge Grenze gesetzt und damit auch der Erreichbarkeit einfacher Gesetzmäßigkeiten. (Die plastische Verformung ist ein Beispiel dafür.) Es gibt Physiker, die darum solche Fragenkomplexe als unphysikalisch erklären und sie Nachbargebieten — hier etwa den Werkstoffwissenschaften — zuschieben möchten. Dies ist sicher nicht richtig, schon weil es in unserem Beispiel nicht die Aufgabe einer technischen Wissenschaft sein kann, die physikalischen Elementarprozesse der die Plastizität bedingenden Gleitvorgänge in Werkstoffen zu erforschen, eine Arbeit, die aber natürlich geleistet werden muß. Diese Auffassung ist nicht nur vom Standpunkt der Klärung physikalischer Fragen, die im Interesse der Praxis liegen, zu bedauern, sondern auch aus prinzipiellen Gründen.

Um dies deutlich zu machen, ist die letzte Beispielgruppe aus einem Randgebiet der Physik, der musikalischen Akustik, gewählt worden, zumal die zitierten Betrachtungen von Pythagoras und Kepler schon von den akustischen Harmonien bis zu denen der Sternsphären geführt haben. Freilich sehen wir heute diese Zusammenhänge sehr viel nüchterner; vielleicht sogar zu nüchtern, einseitig geworden in unserer Wissenschaft durch eine 300jährige Tradition.

Wie dem aber auch sei, unsere musikalisch-akustischen Betrachtungen haben, wenn auch nur an sehr wenigen Beispielen, gezeigt, daß einem musikalisch, also überwiegend emotional, wirksamen Klang als physikalische Entsprechung nicht eine *einfache* physikalische Größe zugeordnet werden kann. Gerade ein physikalisch kompliziert aufgebauter Reiz erweist sich als besonders wirksam. Vielleicht gilt der eingangs erwähnte Parallelismus zwischen Einfachheit und Schönheit in erster Linie für deren rational erfaßbare Komponenten wie Symmetrien, aber viel weniger bei Emotionalem. Dann läge hier eine weitere Grenze für das Einfachheitsprinzip vor, wenn auch nicht hinsichtlich seiner Rolle im physikalischen Weltbild, weil in diesem das Emotionale definitionsgemäß nicht enthalten ist.

Bedenkt man jedoch, daß im Menschen sowohl Emotionales als auch Rationales zur Wirkung gelangt, so wird die Gleichberechtigung von Vielheit, die im Emotionalen wirkt, und Einheit, nach der das Rationale verlangt, deutlich, zugleich aber auch die Gefahr, die dem ausschließlichen Streben nach Einfachheit droht.

Lassen sie mich daher mit einem Schillerschen Vers

aus den „Sprüchen des Konfuzius" schließen, den Heisenberg in seinem schönen Buch [4] „Der Teil und das Ganze" von Niels Bohr zitieren läßt:

> Nur die Fülle führt zur Klarheit,
> und im Abgrund wohnt die Wahrheit.

Literaturverzeichnis

[1a] M. Planck: Physikalische Abhandlungen und Vorträge, Band III, S. 258, Braunschweig 1958
[1b] ebd. S. 374
[1c] ebd., S. 121
[1d] ebd. S. 392
[1e] ebd. Bd. I, S. 435, und Vierteljahrsschrift für Musikwissenschaft 9 (1893) 418.
[2] Einstein, A., und L. Infeld: Die Evolution der Physik. Rowohlts deutsche Enzyklopädie, Hamburg 1970, S. 29 u. 195.
[3] Einstein, A., H. u. M. Born: Briefwechsel 1916–1955. Kommentiert von Max Born, München 1969, S. 222
[4] Heisenberg, W.: Der Teil und das Ganze, München 1969, S. 138
[5] Casimir, H. B. G.: Phys. Bl. 28 (1972) 482
[6] Heisenberg, W.: Schritte über Grenzen, München 1971, S. 296
[7] Kopernikus, N.: Commentariolus. Zitiert nach Perlman, J. S., The Atom and the Universe, Belmont/California 1970
[8] Kepler, J.: Ges. Werke, Bd. 6. Herausgeg. v. M. Casper, München 1939
[9] Polanyi, M., und E. Schmid: Naturwiss. 17 (1929) 301
[10] Nickerson, J. F.: Journ. Acoust. Soc. 21 (1949) 593
[11] Seashore, H.: Psychological Bulletin Princeton 1934, 677

Über den Autor

* 24. 2. 1911	in Berlin als Sohn des Verlagsbuchhändlers Robert Schulze und dessen Ehefrau Marie geb. Krüger
1929—33	Studium der Physik, zunächst in Berlin, dann in Göttingen
1931/32	Spezialausbildung in kristallographischen (insbesondere röntgenographischen) Arbeitsverfahren im Mineralogischen Institut der Universität Göttingen
1933	Promotion zum Dr.phil. bei V.M. Goldschmidt
1934/35	Stipendiat der Deutschen Forschungsgemeinschaft im damaligen K.-W.-Institut für Chemie, Berlin-Dahlem bei Otto Hahn
1935—38	Planmäßiger wiss. Assistent am Physikalischen Institut der Universität Greifswald
1938—39	Forschungsassistent am K.-W.-Institut für Metallforschung, Institut für Metallphysik (R. Glocker), Abt. Dehlinger. In dieser Zeit Habilitation zum Dr. phil. habil.
1939—40	Assistent an der TH Dresden
1940	Dozent für Experimentalphysik an der TH Dresden
1941	Ernennung zum Oberingenieur am Physikalischen Institut der TH Dresden bei H. A. Stuart
1946—54	Industrietätigkeit in der Sowjetunion

1954	Ernennung zum Professor für Sondergebiete der Physik an der TH Dresden
1957	Vorsitzender der Unterkommission Metallphysik
1958	Übernahme des Lehrstuhls für Röntgenkunde und Metallphysik an der TH Dresden
1959	Verdienstmedaille der DDR
1958–61	und
1967–68	Dekan der Fakultät für Mathematik und Naturwissenschaften
1960	Ordentl. Mitglied der Sächsischen Akademie der Wissenschaften zu Leipzig
1967	Nationalpreis
15. 4. 1974	vorzeitige Emeritierung
† 5. 10. 1974	in Dresden

Namenverzeichnis

Sachverzeichnis

- **Mit dieser Sammlung von Vorträgen und Aufsätzen werden Untersuchungen des Autors zur Entwicklungsgeschichte metallphysikalischer Begriffe zusammengefaßt.**

- **Die Beiträge berühren die wichtigsten Teilgebiete der Metallforschung (wie z. B. Plastizität, Magnetismus, Phasenumwandlungen u. a.) und lehren das Zusammenwirken von Ideen verschiedener Forscher zum gleichen Problem verstehen.**

- **Sie sind sowohl für Studenten als auch für Wissenschaftler, die sich mit dem inneren Aufbau der Metalle beschäftigen, besonders geeignet.**

WISSENSCHAFTLICHE TASCHENBÜCHER

www.ingramcontent.com/pod-product-compliance
Lightning Source LLC
La Vergne TN
LVHW092106300926
849161LV00002B/59